放送作家の時間

イースト・プレス

〈目次〉

オープニング

いわゆる「まえがき」だが、私は放送作家なので、長年慣れ親しんできた呼び名「オープニング」にさせてもらった。

そもそも「放送作家」とは1959（昭和34）年、「日本放送作家協会」（以下「協会」）の設立と同時に世に出た呼び名で、それまで放送台本を書く仕事は劇作家、小説家たちの片手間仕事と考えられていた。しかし59年といえば民放ラジオが始まってから8年、NHK、民放ともにテレビ放送を始めてから6年も経っている。その間に私のような放送台本書きしか知らない世代も育っていたし、劇作家、小説家たちにとっても放送台本書きは片手間仕事ではなくなっていた。そこで放送メディアでの作家としての地位と権利を守るために、台本書きたちが結集し世代を超えて「協会」を設立したのだった。

それでも「放送作家」という呼び名が広く世間に知られることはなかっ

たし、協会員たちの考え方も内向きだった。そこでコレデハナラジの声が起こり、協会設立から4年後、協会自身が編集発行した『放送作家』と題した本を世に出した。

しかしサブタイトルに「現代の放送ドラマ・Ⅰ」とあるように、巻頭には「テレビドラマ・原稿用紙からブラウン管まで」と題したグラビアページがあったり、収録されている創作台本もすべてドラマである。その中にはそのころ私が書いていたホームコメディも選ばれて入っている。実際にはドラマ以外の番組も多数書いていたのだが、協会の主導権は劇作家、小説家系が握っていたということになる。ちなみに当時の会長は久保田万太郎、理事長は内村直也と言っても、その名を知る者は今は協会員の中にも少ないだろう。

そして「Ⅰ」とあるからには「Ⅱ」も発行するつもりだったのだろうが、当時も今も放送作家は自己宣伝が下手、というよりつまりは裏方のスタッフ、カゲの存在なので話題になることもなく、「Ⅱ」が発行されることはなかった。

ところが今回、なんと幸いなことに私の名を表に出した本を作ってくれるという。私にすればあり得ない時間を与えられたようなものなので『放送作家の時間』と題した。

この時間で使うのは、すべて私の個人記録であり、記憶を呼び起こすために参考にした資料は主に私が書いて印刷された台本である。例外的に永六輔さんの遺した本からの引用はあるかもしれない。なぜ永さんなのかは本文中で明らかにする。

思えば私はテレビで言えば白黒の生放送時代から放送台本書きだけで生きてきた。そういう意味では純粋の放送作家一期生と言っても自惚(うぬぼ)れではないと思うが、哀しいことにそれを証言してくれる同業者、関係者はすべていなくなっている。

そういう私も86歳。この本そのものが私の人生最後の記録になるだろう。つまりはムカシ話なのだが、だからといって古いとは限らない。なぜならテレビの世界で言えば全番組生放送のモノクロ時代から、放送した番組映像は次の瞬間にはムカシになっているという事情はイマもムカシも変わらないからだ。

トンデモナイ、今は録音、録画技術が進化しているから「イマ」はいつでも再生できるという説もあるだろうが、私によれば再生された番組を見聴きしている時が「イマ」で、録音、録画された番組そのものはすでに「ムカシ」なのである。だからこれを書いている時点での「イマ」の私は、せめてこの本が、映像で言えば録画して遺しておく価値のあるものになることを願うばかりである。

もう一つ、呼び名に関して。私は前記の「協会員」であると同時に「日本脚本家連盟」（以下「連盟」）の「連盟員」でもある。だから「脚本家」と名乗ることも可能なのだが、イマは脚本家といえばドラマ専業の書き手のように思われているようだから、ドラマは仕事の一部でしかなかった私としては「放送作家」のほうが好きなのだ。

更に言えば「連盟」はかつて「放送作家組合」と言った。現在も「一般社団法人」である「協会」では実益を伴わない。そこで「協会」とは別に「共同組合」を造ったのだ。しかし実益をもたらす「著作権法」に「放送作家」の名称はなく「脚本」だけが使われている。そこで「脚本家連盟」と改称したのだ。なぜ「脚本家組合」ではなかったのかと聞かれたら「連盟」のほうがカッコイイからとしか答えようがない。

そして今は職業名として「放送作家・脚本家」と連記している同業者もいるが、私は「放送作家」だけで十分と思っている。

実際放送作家の仕事も考え方も千差万別。個人個人によって「作家」としての在り方も考え方も違う。だからこの本で書かれる「時間」とは、あくまでも大倉徹也個人のソレだと思っていただきたい。もし放送作家という呼び名に興味を持って本書を手にした人は、ここに書かれているのが「放送作家の時間」のすべてだとは思わないでいただきたい。

いつの時代も人間には個人差があるように、放送作家ほど個人差の大きい職業名はないかもしれない。つまりあなたがもし放送作家を志している若い人なら、あなたはあなた自身の「時間」を創れる無限の可能性を持っている職業だとあらかじめ申し上げておく。逃げ口上ではない。私自身がそういう生き方をしてきたことが、この本でわかってもらえるだろう。そしてそうするつもりで私の「時間」を始めようとしている。

あ、もう一つ、私が「連盟員」でもあることを辞めないのは実益上の必要からだ。現在も実益である著作権収入は「連盟」を通じて入ってくる。

だからといって放送作家の誰もが「協会員」や「連盟員」だったりするわけではない。現在はこうした団体に頼らず個人事務所を作って営業している同業者も多いと聞く。まさに千差万別の例の一つだ。

「オープニング」が長くなった。これが放送番組ならすでに飽きられているところだ。ではまず「六・八・九」に登場してもらうところから時間を始めよう。

六・八・九の話

永六輔さんと私

いきなり私事から始める。

そのころ私は23歳で4歳年少の妻がいた。当時でいう学生結婚で定職はない。二人ともそれぞれに合ったアルバイトでなんとか暮らしを立てていて、私は新聞広告で見た映画の業界通信社に応募してバイト記者になっていた。書くことが好きだったから記者なら書く仕事だと思って始めたバイトだったが、不如意（ふにょい）な仕事だとわかって、妻にはグチばかりこぼしていた。その妻はバイトをする一方で、当時民放ラジオで盛んだった聴取者参加番組に盛んに応募していた。採用されればシロウトなりの出演料がもらえるからだ。

その一つに、当時人気タレントだった丹下キヨ子が聴取者相手に対談する番組がラジオ局の文化放送にあって、ある回に妻が選ばれて出演した。その日の私は不如意なバイト先にいて、妻から電話がかかってきた。その時の会話は今でも憶えている。

「エイさんという人、知ってる？」

「知らない。何やってる人だ」

「なんだか知らないけど、ラジオやってる人」

「エーライジュウメイという名前ならラジオで聞いたことがある」

「エーライさんじゃないの。ただのエイさん」

「知らんなあ」

「なんでもいいからすぐに来て、会ってよ」

あとで聞くと、妻はその時現場を仕切っている永さんに、ほかのスタッフとは違うナニカを感じて、すかさずグチっぽい私に連絡する気になったという。

その時永さんを知らなかったのは私たちだけではない。あとで知ったのだが、そのころ永六輔の名は放送業界では知られていたそうだ。しかし世間的にはまだ無名。一方、私が名前だけ知っていたエーライジュウメイさんは、ラジオといえばＮＨＫしかなかったころに『世界の音楽』という番組で「構成」をしていた人で永来重明と書き、大正生まれでアメリカの大学を出てＮＨＫ文芸部にいた人だということを、これもあとで知った。

妻からの電話に喜んだ私は口実を設けて職場を離れ、当時は四谷にあった文化放送のロビーへ駆けつけた。それからのことは記憶にない。再び記憶が始まるのは当時五反田にあった永宅へ、放送用コントを書いて通ったことからである。

今思うと永さんが丹下キヨ子の番組に関わっていたのは、三木鶏郎（トリロー）グループに属していた縁からだろう。そもそも永六輔のコント作者としての天才ぶりは、トリローを有名にしたコント番組、ＮＨＫラジオ『日曜娯楽版』の投稿者だった19歳のころから発揮されていたらしい。

しかし永さん自身はそのころのことを、後年自著『六輔その世界』（話の特集）の中で、次のように書いている。

１９５２（昭和27）年、「アルバイトに『日曜娯楽版』に投書するとコント一つで三百五十円になった。『ニコヨン』という言葉の時代だから率がよかった」「三木トリロー文芸部から誘いがあって」「その収入に目がくらんで放送の仕事へ」（ニコヨンとは二百四十円のことで、確か当時日給の相場のことだった）。

1953（昭和28）年、テレビ開局でトリロー文芸部とともに二十歳の永六輔も「ひっぱり凧」になる。54年21歳。「放送台本を毎日二本づつ書きとばし」「この年の末、同時刻にNHK、TBS、LF、QRと、どこの局を回しても僕の脚本を放送しているというイタズラをやった」（LFとはニッポン放送、QRとは文化放送）。

そんなイタヅラができたのも才能ゆえであるのは言うまでもない。

ある回の『娯楽版』のコントの政治風刺が度を越しているという理由でトリローが現場を離れることになった「文芸部」のあとを、トリローはほかの経験者、年長者をさしおいて永六輔に任せた。それほど彼の天才ぶりは際立っていたということになる。彼がボスになると同時に「トリロー文芸部」は名を変えて「冗談工房」と名乗る。私が永さんと出会ったのはその工房のボスだったころだと、これもあとでわかったことだ。

ともあれ私は自分よりも「1歳年少の天才」に師事してコントの作り方を学び、放送作家という呼び名ができる以前にコント作者として放送界にデビューできることになる。つまり私が放送作家になれたのは永さんと出会えたおかげなのだ。更に私事を重ねれば「エイさんて、知ってる？」と聞いた妻の一言が私の人生を決めたということになる。

さて永さんとしては私を「冗談工房」の一員にしたつもりだったのかもしれないが、私は自分のことしか頭にない。五反田から隼町、並木橋と転居する永さんのあとを追って執拗にコントを書き続けた。すっかりソノ気になってバイト先を辞めた私のフトコロを心配して、丹下キヨ子の事務所員に紹介してくれたりした。

そのうちに私の執念に負けたのか、少しは書き手として認めてくれたのか、ある時30分のラジオ番組の代筆を頼まれた。そして私の原稿に目を通してから登場人物の一人の名前を「たしかオオクラテツヤと言った」と改めた。そういうところがいかにも永六輔流だと、今にして思う。

これも今にして思うのだが、この天才に弱点があったとすれば、それはドラマのストーリー作りに弱かったことだ。のちに私が一本立ちになってからの話だが、彼が小説を頼まれたことがあった。その時は彼のほうから私に声をかけてきてホテルに呼び出し、小説のストーリー作りに知恵を貸してくれと頼まれたことがあった。活字メディアでも自称百冊を超える本を出しているそうで、その中にはこの時の小説も入っているだろうが、ほかの本で天才自身がこの小説に触れているのを私は見たことがない。

余談になった。

やがて丹下キヨ子の事務所で失敗してクビになった私を、永さんは文化放送の番組に書き手として紹介してくれた。コント番組だけではない。今で言えばトーク番組や音楽番組もあった。やっと私を、あとに言う「放送作家」として一人前になったと認めてくれたのだろう。

一方テレビでは、日本テレビが放送を始めて4年後の1957（昭和32）年、『気まぐれ時代』という生放送の「ミュージカル・バラエティ」があった。今も手元に遺してあるその年3月放送の第1回台本によると、主な出演者は林家三平（初代）、平凡太郎、逗子とんぼ、藤村有弘、ゲスト歌手に宝とも子、黒岩三代子。私には懐かしい名前だが、今は息子が名前を継いでいる林家三平を除けば誰も知らない名前だろう。番組の「作・構成」は「冗談工房」、つまり私はまだ個人名を出してもらえなかった。

今は考えられないことだが、この番組にはスポンサーがなかった。テレビが始まって4年後の民放局の番組には買い手がつかず、局が自前で作る番組があったのだ。

その年、大阪のデパート「そごう」が東京の有楽町に進出してきた。そのことを宣伝するために、この番組のスポンサーになって、タイトルも『有楽町で逢いましょう』と改めた。なぜならそれが「そごう」の宣伝文句だったからで、番組には永六輔作詞、宇野誠一郎作曲の主題歌もできた。
台本に残っている、毎週ゲスト歌手が歌ったその歌詞。

逢いましょう貴女と／逢いましょう貴方と／若い街有楽町で／若い二人、君とボク／お茶にしましょか／それとも映画／それから二人でショッピング／歩きましょう貴方と／歩きましょう貴女と／囁きましょう貴方と／日比谷公園おほりばた／デパートメントの屋上で／I LOVE YOU…楽町／有楽町で逢いましょう／若い街有楽町

くどいようだが永六輔はまだ無名。恐らく局からの要請で番組イメージを変えるために「冗談工房」のボスとして作詞させられたのだろう。「I LOVE YOU…楽町」にコント作者的要素が残っているが、そんな詞も曲もスポンサーがイメージに合わないと言って

いるという声を聞いたが、これが歌としては元祖『有楽町で逢いましょう』という歌であることに間違いはない。

今も歌謡史に残るフランク永井の同名の歌（佐伯孝夫作詞、吉田正作曲）がヒットするのは翌年になってから。そのころには番組は消えていた。

永六輔の名を世間に広めたきっかけは、まず水原弘の歌った『黒い花びら』の作詞者としてである。『有楽町で…』を作詞してから2年後の1959（昭和34）年、その年から設けられた日本レコード大賞の第1回受賞曲として話題を呼び、作曲の中村八大と組んで、のちに「六・八コンビ」と謳（うた）われる最初の曲でもあった。

同時に水原弘の名も売れた。実はこの歌、当時の青春スター・夏木陽介主演の映画『青春を賭けろ』の主題歌で、水原は歌手を演じた夏木のカゲ歌だったのだ。映画はヒットしなかったが主題歌だけがヒットしてレコード大賞に繋がった。

主題歌だけがヒットしたのは水原の歌唱力のせいもあるだろう。というのはこの映画は歌好きの若者たちが音楽に青春を賭ける話で、『黒い…』以外にも八大作曲の歌はいろいろな歌手が歌った。その中の一曲は私が作詞した歌だ。その時の永さんの言葉は今も鮮やかに憶えている。場所は忘れたが二人で歩いている途中で彼は言った。

「詞を書けますか」

「いいえ、書いたことはありません」

「僕もありません。だから書いてください」

それから彼は映画のための詞を頼まれていると説明し、中村八大宅まで持参するようにと日時、場所を教えてくれた。言われた通り何編かの詞を書き当日持参した。

遥か後年、２００４（平成16）年5月、光文社発行「知恵の森文庫」の一冊『昭和　僕の芸能私史』の中の「昭和三十四（一九五九）年」の項で永さんは次のように書いている。

僕は有楽町の日劇の前で、憧れのジャズピアニスト、中村八大に声をかけられた。

「君、作詞したことある？」

「いいえ、ありません」

「やってくれる？」

「できるかどうか」
「できる、大丈夫！」

そして「そのまま」八大宅へ行き、朝までに十曲を仕上げた中に『黒い花びら』があった、と記している。

この記述は私の記憶している事実と異なっている。「そのまま」八大宅へ行く前に私と会っているはずだし、永さんとの関わりの中で私がもっとも衝撃を受けた『黒い花びら』の生原稿を、私はこの眼で見ているのだ。

永さんは独特の字を書いた。その字は今も残してある彼からの手紙でイマも見ることができるが、『黒い…』以前に無数回見ているはずのコント台本の字はまったく記憶していないのに『黒い…』だけをなぜ強烈に憶えているのか。それは花びらを「黒い」とする発想と詞の内容が、その時の私には強烈だったとしか言いようがない。こう書いていても「黒い花びら／静かに散った／あの人は帰らぬ／遠い夢」と自然に口に出てくるくらいだ。

恐らく八大さんも、永さんの言う「十曲」の中で『黒い…』の印象が飛び切り強かったに違いない。だから映画の「主題歌」にしたのだろう。

ついでに言うと八大さんは、私の書いていった何編かの中から1曲だけ映画で使ってくれた。確か『君は女で、僕オトコ』というダサイ題で山下敬二郎という歌手が歌ったが、チラッと歌われただけで次のシーンに移ってしまった。しかしそのチラッの間に「作詞・大倉徹也」と名前の出たことだけははっきり憶えている。なにしろ映画のスクリーンに私の名前が出たのはあとにも先にもその時一度だけなのだから。

そんなわけで、そのころは永さんとの関わりはまだ続いていたが、やがて永さん自身の言う『六輔その世界』から抜け出したくなって、私は私なりの世界を創り始めるのだが、今になって振り返っても『黒い…』の生原稿を見た時ほどの衝撃はほかになかった。

記憶というのは不思議なもので、私の場合、そんな視覚上の衝撃と同時にもう一つ、聴覚に残っている記憶がある。それは永宅に通っていたころ、まず顔を合わせるのは夫人で、彼女が夫を呼ぶ時の「たかお」という声の響きと、夫が妻の昌子さんを「まっち」と呼んでいた時の声だ。本名「永孝雄」がなぜ六輔を名乗ったのか、それは戦後の1949（昭和24）年、小説でも映画でも歌でもヒットした『青い山脈』の主人公「六助」に憧れたからしい、ということを前述の『昭和 僕の芸能私史』で初めて知った。

石坂洋次郎原作の『青い山脈』は、ちょうど戦後の教育改革で、男子校だった旧制中学4年が男女共学の新制高校1年になった（1948年）ころに発表されて、「男女七歳にして席を同じうせず」の時代から10代になって「男女共学」時代を後押しするような作品で、映画ではラブレターに「恋しい」を「変しい」と誤記したのを生徒がそのまま読んで笑いを取るシーンがあったのを憶えている。

私はまさに最初の「共学新制高校1年」になった歳だが、1歳年少の永さんの「民主主義」の原点も実は『青い山脈』にあったのではないかと思ったものの、永さんには「共学体験はない」とどこかに書いていた。事実戦後の学制改革時の「新制高校」にはバラツキがあって、地域によって、また公立私立によって「共学校」だったり「男子校」「女子校」だったりした。永さんの場合は「男子校」だったのだろう。だとしたら「共学」に憧れを持っていたとしてもおかしくはない。

ところが永さんは別の自著で「ＮＨＫの子供の時間に出ていた時」に『六輔』という役の名前にめぐりあい、そのままで呼ばれるようになってしまった」とも書いている。どちらが本当かと質す気は私にはない。私はただ『青い山脈』説を信じるだけである。

……というような、いわゆる「戦後民主主義」の時代に10代だった者の心境を、戦後生まれの読者にわかってもらうのは至難の業だが、例えば1945（昭和20）年の敗戦直前まで私たち旧制中学生が、音楽の時間にまさに熱唱していた『勝利の日まで』という軍国歌謡の作詞者が、敗戦直後にはのどかに『リンゴの唄』を作詞していると知った時のショック！

たかが歌謡曲とは思わない。敗戦後この国のオトナたちがいかに変わっていったか。その例のもう一つとして私が旧制の中学生だった時の体験を挙げておこう。

敗戦後、教師たちは私たち生徒に何の説明も弁解もなく言うことがコロッと変わった。各クラスに「民主主義に則って司法、行政、立法」の3委員が選挙で選ばれ、立法委員になった私は「生徒議会」に出席する。議長の上級生が変貌激しい教師を呼んで責任を追及すると言い、私たちも賛同する。呼ばれた教師が来る。生徒に変貌理由を追求されて蒼白になり震えていた教師の姿を今でも思い出す。

授業でも私たちは教師に反抗した。私たちの教室は3階建て校舎の最上階にあったから、

3年生の時だ。ある時英語の教師が突然試験をすると言った。そんな話は聞いてないと私たちは誰言うともなく全員教室を飛び出し運動場で遊び始めた。すると3階の教室の窓からその教師が「オーイ、帰ってコーイ」と叫んでいた声を、やはり今でも思い出す。

そのころ旧制中学2年生だったはずの永さんは自分で鉱石ラジオを組み立てて「進駐軍放送」を聞いて、ハリウッド・ミュージカルの音楽と出会ったと『六輔その世界』に書いている。「進駐軍放送」は私もよく聞いていた。『ヨー（ユアとは聞こえなかった）ヒットパレード』という番組のオープニングとクロージングのテーマ曲は今でも口ずさめる。

いずれにしろそんな時代の空気は共通して吸っていたわけで、書き手になっても『勝利の日まで』から『リンゴの唄』にコロッと変わるような真似だけはしたくないと思い続けていた。カッコヨク言えば何の書き手であれ時流や権力に媚びることだけは止そうと思っていたわけで、もしかしたら永六輔という天才との共通点はそこにだけあったのではないかと、これも今にして思ったりする。そうでなければ彼自身のテレビでの代表作『夢であいましょう』のうち何本か私に丸ごと書かせてくれるなんてあり得ないとも思うからだ。それも代筆ではない。ちゃんと私の名前を出してくれて……。

2016（平成28）年7月7日、永さんが83歳（大倉84歳）で亡くなってから約1週間後に、NHKは『NHKアーカイブス』という番組で永さんを追悼した。その時前記『夢であいましょう』（以下『夢あい』）のある回がノーカットで放送された。

『夢あい』は1961（昭和36）年から66年まで、毎週土曜の午後10時から生放送された30分番組だが、当時は生でも録画するという習慣は局にはなかった。そのことを残念に思っていたのだろう、演出の末盛憲彦（のりひこ）さんが個人的に録画していた10本だけが残っていて、そのVTRが1セットになって「NHK情報ネットワーク」の企画制作で市販もされている（1991年・竹書房）。前記の「ある回」とはそのうちの1本で、63年7月27日に放送された分だ。

そのVTRは私も所持していて、その中に私の書いた回が2本入っているのは買った時に見て知っていたが、どんな映像だったかは忘れていた。だから『アーカイブス』をわが家で見ていて、スタッフ・タイトルに「作・永六輔」と並んで「大倉徹也」とあるのを見た時はビックリした。まさか私の書いた回が現れるとは思いもしなかった。

NHK側がナゼその回を選んだかはわからないが、画面に出る「大倉」のことは知っていたのだろう。なぜなら放送後、前述の「連盟」に私のNHKランクでの1本丸ごとの著作権使用料がちゃんと払い込まれてきたからだ（一部の場合は、その一部の使用料が支払われる）。『夢あい』にはもう1本、永さんと連名だが実は私がすべてを書いた回があることはVTR記録で間違いがないが、ほかにも何本か書かせてもらっている。

というのは私に『夢あい』を書いてくれと頼む時、永さんは「ほかの番組は降りてくれ」と言ったが私は降りなかった記憶があるからだ。当時自分が書いていた番組を失うのが怖かったからだ。

それにしても永さんはなぜ『夢あい』で、自分は名前だけ出して中身のすべてを私に任せるようなことをしたのだろう。今となっては確かめようはないし、当時も尋ねた記憶はない。永さんの言うことならなんでも疑わずに聞いていた私だ。自分に都合よく解釈すれば『夢あい』時代の永さんは、自作をすべて任せていいほど私を信頼していたことになる。

ほかにもう一作品、私が任されていた番組がある。『夢あい』後13年経ってからやはりNHKで始まったバラエティ『テレビファソラシド』（以下『テレビファ』）だ。

今は知らないが当時のNHKテレビにはレギュラー番組を始める時、その前にその番組を特別番組として放送して反響を見るという習慣があった。ディレクターは『夢あい』と同じ末盛さん。「永さんのアイディアで新番組を始めたいと思う。その試作番組を創りたいので手伝ってほしい」と、その時は永さんから直接ではなく末盛さんからの依頼だった。『テレビファ』とは言うまでもなく「ドレミファ」のもじりで、そのムカシの「I LOVE YOU…楽町」と同じ永さんらしさに溢れているタイトル。それよりユニークなのは出演者で、永さんは「それまでバラエティには顔を出したことのない女性アナウンサーを全員使いたいと言っている」という。それで私は全女性アナに会って台本を書いた。有名無名に限らず出演者には書く以前に必ず会うことにしていたのは、私の主義だ。

そのほかにも多分永さんのアイディアは聞かされていただろう。それらも生かして書いた試作番組は、女性アナ全員を使ったこと以外は好評で、レギュラー番組化が決まって1979（昭和54）年から約3年続いたが、いろいろあって私が書いたのは前半だけで、後半は永さん自身が出演者にもなり、台本も自分で書いた。

女性アナすべてを使うというアイディアがアイディア倒れに終わったのは、アナ側からクレームがついたからだ。私はピアノが弾けるとわかったアナに試作番組では頼んで弾いてもらったが、本番終了後彼女から「アナウンサーがどうしてピアノを弾かなければならないんですか」と直接難じられたことを今でも憶えている。レギュラー化した時には司会と、そのアシスタント役として二人だけ女性アナを起用することになっていた。

この番組の印刷台本は今でも（2017年1月時点）、愛宕山にあるNHK放送博物館に資料として1冊展示されている。その表紙を見ればわかるが「構成　永六輔／脚本　大倉徹也」とある。放送番組における「構成」とはどんな仕事か、詳しくは後述するが、この番組で私が「脚本」だった時の「構成」とは「アイディア提供」のことだ。

番組がレギュラー化すると決まってから末盛さんと私は毎週永さんを追っかけて「次の回はどんなアイディアでやるか」を聞いたものだ。そのアイディアを基に番組として形にするために脚本を書くのが私の仕事だったわけだが、その追っかけ仕事をしていても、永さんからの答えが次第にすぐには返ってこないようになった時、末盛さんは言ったものだ。

「さすがの天才もくたびれてきたのかな」

その言葉を今でも憶えているのは、私が一本立ちして間もないころ、こんなことがあったからだ。

ラジオ関東（現ラジオ日本）が開局したのは『黒い花びら』がヒットする1年前、1958（昭和33）年の末だ。それでも業界的には永さんはむろん私も知られていたと見えて、開局時の番組を1本頼まれた。その時プロデューサーからこんな話を聞いた。

「実はあなたも知ってる永さんにも1本書いてもらうつもりだったが、書くよりはしゃべるほうが早いと言われて、台本なしの番組にしたよ」

その結果生まれたのが、永さんの選んだ仲間二人と三人でしゃべる『昨日の続き』という番組だった。番組の最後はこういうキマリ文句で終わった。

「今日の話は昨日の続き、今日の続きはまた明日」

つまり言いたいのは、その時から永さんは自分のシャベリに自信を持っていた、ということだ。だから『テレビファ』も、アイディアだけ提供するよりも自分が出てしゃべったほうが早いと思うようになったのではないか。目指したのは、いわば『六輔その世界』の生中継番組。そしてラジオもテレビも生中継が一番面白いのはムカシもイマも変わらない。

それを無名時代すでに見抜いていた永さんは、やはり天才というほかはない。

その天才ぶりは活字の世界で書くことにも現れていて、その証拠がオカタイ「岩波新書」から出した『大往生』がベストセラーになったことだろう。以後、活字の世界での「書くこと」には終生こだわり続けて、自称百種類以上の本を出しているのは前述の通り。

その本の中に「テレビに出ると人相が悪くなる」と書いているのがあって、そのせいかどうか晩年のテレビ出演はほとんどなく、出演は専ら(もっぱ)ラジオだけになる。私が最後に聞いた声もラジオを通じてで、それもほんの短い時間。その中で永さんは私に話しかけた。

「最初に会ったのは奥さんでしたね」

つまり彼もまた妻と会った時を憶えていたわけで、その時の二人の間に余程ビビッと来るものがあったのだとしたら、私としてはますます妻に頭が上がらないことになる。

それだけなら悔しいので、そういう女性を妻に選んだ私も大したものだということにしておこう。

ともあれ永さんと出会い、そして「放送作家」として独り立ちしてからも私は毎年、大晦日になると永宅を手ぶらで訪ねて「おかげさまで今年も無事に過ごせました」とお礼だけ言うことにしていた。しかし応対に出るのはいつも夫人。いつの年の暮れも忙しい本人と会うことはなかった。それでも私は「大晦日の挨拶」は２００２（平成14）年まで欠かさず続けた。なぜ02年までか。その年夫人が亡くなったからで、訪ねると初めて永さん本人が出てきた。その年、私は硬膜下血腫を患って手術をし、快癒はしたものの今後のことはわからない、だからもう二度と伺えない可能性もある、というようなことを話したところで電話の鳴る音が聞こえて永さんは奥へ引っ込んだ。

なかなか出てこないので、きっと仕事の話だろうと勝手に思い、それ以上の話は諦めて、そのまま黙って失礼した。

翌年になってすぐ永さんからの手紙が届いた。横長の色紙のような紙に『黒い花びら』に驚いた時のような独特の字体で、次のように書かれている。

重要な／お話／ゆっくり／聞けなくて／ごめんなさい／
ゆっくりが／これからの／テーマと／つくづく
２００３／大晦日／永六輔
大倉さん

二度目の「ゆっくり」は大きめの字になっている。

謝るべきは黙って失礼した私のほうだが、そんな意味の返事を出したかどうかは記憶にない。そして以後、脳外科医の指示で何年も定期検診に通い始めたせいか、永宅を訪ねたことはない。ただこの手紙は額に入れて妻と一緒に住む部屋に、今も飾ってある。

亡くなったあと、立ち読みした雑誌に「永さんという存在そのものが、ひとつの文化でした」と書いていた人がいて、そういう見方もあるのかと思った。しかし文化ならもっと広く深く浸透していてもおかしくないはずだと思い、やはり天才という際立った才能の持ち主だった、と改めて思ったものだった。

中村八大さんと私

永さんと初めて会ったのが文化放送のロビーなら、八大さんを紹介してもらった初めてのラジオ番組も文化放送の仕事だった。

民放ラジオが始まった当時、朝7時の番組といえばNHKのニュースと決まっていた。その聴取者（今はリスナーと言うが）の思い込みを崩すために民放各局は苦労していたが、文化放送が考えた方法は7時の時報が鳴るとすぐ「あなた、あなた！」と大声で呼ぶことだった。すると「ハイ！　起きてます」と夫が応えてホームコメディが始まる。そして5分経つと次の娯楽番組が始まり、また5分で別の楽しめる番組に移る、という具合に7時台は5分番組を並べたのだ。つまりニュースにエンターテインメントで勝とうとしたこの方法が聴取率的に成功したかどうかは知らない。私が体験したのは、その5分番組の幾つかを書いたことだ。何を隠そう、前記の「ハイ！　起きてます」も私が書いたのだ（主演は当時人気のコメディアン、有島一郎)。

その5分番組の一つに、当時の人気歌手・雪村いづみが、ピアノの中村八大を相手に独り語りする『トンコは出勤5分前』という彼女のワンマンショー番組があった。八大さんは一言も言わずピアノだけで応対するというアイディアはいかにも永さん的だが、自分は「新劇、新派、前衛劇の舞台監督として日本中をめぐるので忙しくなった」と『六輔その世界』にある。それで私にバトンを渡したのだろう。

トンコとは雪村の本名、朝比奈知子(ともこ)の愛称で、録音時に私はいつも顔を出していたから、その番組でトンコとも八大さんとも親しくなったはずだが、八大さんの名はまだ作曲者としてではなく、戦後の日本ジャズ史に遺るジャズバンド「ビッグフォー」のピアニストとして知られていた。

やがてトンコの番組が終わると、今度は八大さん自身がホストになって毎週(月~金)のゲストに、自作の曲を歌わせるという番組が始まる。題して『八大朝の歌』、その歌の作詞者は、なんと台本を書いている私なのだ。このころを時系列的に振り返るとヤヤコシクなるばかりなので大ざっぱに書くが、永さんはすでに『黒い花びら』で作詞者としては世に出ていた。同時に作曲者としても知られるようになった八大さんとしては、永さんに頼むと予算的に番組が成り立たないので、作詞者としては未知数だが顔見知りの私を選んだのだろう。

八大さんが自分の番組を持てたのも、優れたピアニストだからというだけではないと局側も認めていたからだし、しかもこの番組の「今週の歌」は、ある週刊誌で毎週紹介されていたのを憶えている。当然作詞の私の名前も出る。なので私は今も日本音楽著作権協会に作詞者として著作権を信託している。そのころ書いた『二人だけのお城』とか『フライパンの歌』とか、八大さん亡きあとは私だけしか知らない歌が彼のおかげでディスクになっていて、どこかで使われていると見え、今も私の詞の著作権使用料が、100円単位だが入ってくる。

ちなみに2016年度分の音楽著作権使用料は954円。

対して私の脚本著作権使用料は378650円。

こんな数字を明らかにするのも、出演者に取材の際、そのヒトの私事に入り込むことで仕事をしてきた放送作家としての義務だろう。

そういえばイマもテレビは「素顔に迫る」のが好きだし、NHKラジオには『すっぴん』というタイトルの番組もあるくらいだ。出演者は厚化粧していない、体裁ぶらないで素顔で本音を話すという意味だろうが、聞き手がタイトル通りに受け取ると失望することが多いのは、番組の作り手側としてはツライトコロだろう。それとも作り手も「すっぴん」に見えるように聞かせることを楽しんでいるとしたら、そこがムカシもイマも放送のオモシロイところだと言えるだろう。しかし念のため、この本の「時間」では可能な限り本当のホンネを語るように努力しているつもりだ。

そんなわけで『八大朝の歌』を書いていたころのある日、八大さんから頼まれた。今度自分のリサイタルを開くので、そのステージ（サンケイホール）の構成・演出をしてほしい、リサイタル用に10人の作詞者に新曲を頼んであるので、そのつもりでと。残念ながらその10人の中に私は入っていなかった。むろん永さんは入っている。

それまでに私には番組で知り合った歌手のステージを構成・演出したことがあることを話してあったのだろう。だから私に頼んだに違いないが、「構成」は本職でも「演出」はいわば余技だ。それでも歌手ならなんとか務まったが、前例を知らない作曲家のリサイタルの演出を引き受けるわけにはいかないので、八大さんの了解を得て別ルートで知っていた日劇（日本劇場）の演出家に頼んだ。今はなくなっているが当時日劇といえば東京でも一流の「実演」の劇場で、舞台監督も含めて裏方スタッフはすべてその演出家任せだ。

後年永さんはこの時舞台監督も務めたと書いていたが、これは明らかに思い違い。このリサイタルのために永さんがしたのは『上を向いて歩こう』という詞を書いたことだけで、その歌を坂本九という当時はまだ無名の歌手に歌わせたのもむろん八大さん。

当日、構成者としてはステージの袖（客席からは見えない場所）にいたが、永さんもいた。そして坂本九なる歌手の歌い方が気に入らないと言って、自分の作詞曲が終わるとすぐに帰ってしまったのを憶えている。

『上を向いて歩こう』が坂本九の名とともに大ヒットするのは前記『夢あい』の「今月の歌」に1961（昭和36）年の10月と11月、フタ月続けて採り上げられてからだ。それまでにも六八コンビは「今月の歌」を6曲創っていたがどの曲もその名の通りヒト月限り。『上を…』以後もフタ月続いた「今月の歌」はない。『上を…』の反響がいかに大きかったかがわかる。

もっとも永さんとしてはこの歌を『夢あぃ』で採り上げることに不安があったと書き遺しているが、その不安を押し切ったのはむろん八大さん。『夢あぃ』を手伝った私としては、音楽はすべて八大さんが仕切っていたことを知っている。


ところで今も手元にある『八大朝の歌』の印刷台本の表紙には「ホスト　中村八大」の次にその週の「ゲスト」の名前があり、そして最後に「構成」として私の名前がある。ところが今回改めて台本を見てみると「構成」は最初の週だけで、2週目からは「スクリプト」に変わっている。恐らく私が、番組を始めてみると私の考えている「構成」とは違うと言い出して、ただ筋書きだけという意味で「スクリプト」に変えてもらったのだろう。

この機会に私の考える「構成」について説明しておこう。

私が初めて放送で「コーセイ」という呼び名を聞いたのは、前述のようにNHKラジオの『世界の音楽』という番組の最後に「コーセイ・エイライジュウメイ」というアナウンスを聞いた時だった。のちにコーセイは構成とわかり、構成とはアーセイ、コーセイと言うだけだとからかわれたりもするのだが、自分が放送の仕事を始めた当初はコント作者だったので、番組では「作」と呼ばれていた。

そんなころ、忘れもしない文化放送から『思い出を結ぶ歌』という30分番組を始めるから台本を、という注文が来た。どういう番組かというと聴取者から「思い出の歌」を、なぜその歌が思い出なのかを書いた手紙とともに募集して、その中から選んだ歌と手紙を紹介するというものだった。

新番組だから当然そういう番組を始めるから応募をという告知を事前にしているのかと思うと、そういうことはしていない、だから第1回目からそういう体裁の番組にして放送し、番組内で思い出の歌と手紙の募集をするという。どう考えても無茶な話だが、カケダシの私としては、どんな番組でも引き受けるつもりでいる。だから第1回の手紙はすべて創作し、実際に手紙が来るようになってからも、そのまま使えるとは限らないのでリライトしたり、ほとんど創作したりしたが、だからといってこの番組での私の仕事を「作」とは言えない。そこで使われたのが「構成」という呼び名だった。

「へえー、放送番組でいう構成にはこういう仕事もあるのか！」

そう思ったのが、私と「構成」との出会いだ。

以後テレビも含めて私の仕事は、ドラマ以外は「作・構成」とか「構成」だけの仕事が多くなる。そしてイマ、放送業界での「構成」という仕事は、もっと複雑怪奇になっている。「怪奇」というのは明らかに台本があるとわかるテレビ番組のタイトル表示に「構成」のない番組もあるからだ。イマなら私も「スクリプト」などとイキがらないで、すべて「構成」にしただろう。

ついでに今も残してある『八大朝の歌』(毎週・月〜金)印刷台本に記録されているゲスト(毎週一人)の名前を、放送順に列記しておこう。

克美しげる、坂本九、和泉雅子、雪村いづみ、いしだあゆみ、梓みちよ、九重佑三子、ダークダックス、芦野宏、竹越ひろ子、園まり、古賀さと子、尾藤イサオ、朝丘雪路、日野てる子、いずみたく、水原弘、デュークエイセス。

ほかにももっと多くの歌手と出会ったような気がするが、印刷台本はこれだけしか残っていない。いずみたくを除けばすべて歌手で、坂本九だけ2週出ている。そして歌手ではない「いずみたく」のことを台本では八大さんは、こう紹介することになっている。

「今日のお客様は、作曲家として、又日本に数少ないミュージカルのプロデューサーとして、めざましい活躍をしてらっしゃる　いずみたくさんです」

むろん私の書いた台詞だが、実際には八大流の言い方に変えていたかもしれない。

ついでに「スクリプト」台本にはその後をどう書いてあるか、一部を紹介しておこう。

いずみ（朝の挨拶）

朝のコーヒーでも飲みながら　といった軽い気持ちで　おしゃべりと　八大シンガーズのコーラスを一緒に楽しみたい……。

気が向いたら　この機会に　いずみさん御自身も歌手としてデビューして下さっても結構です。

……というようなことをどうぞ！

そして次のような八大の台詞。

では　いずみさんを歓迎して　先ずは　いずみたくヒットメロディの演奏から……

その演奏曲については「当日待ち」と書いてあったのが、実際には『見上げてごらん夜の星を』だったことが印刷台本に書き込んである自分の字でわかる。そして「スクリプト」には「当日書き込み」が多かったことも。

更に言えば、この日の『見上げて…』は八大アレンジによる「八大シンガーズ」が歌ったこと、そして4日目にはいずみたく自身がアレンジした同曲を八大さんがピアノで演奏したことも、台本を残しておいたおかげでわかるのだ。私の希望した「いずみたく」という歌手は残念ながらデビューしなかった。しかし話題にもならなかったラジオ番組だが、中村八大といずみたくという著名な作曲家二人だけの共演番組は、放送史上ただこの時ただ1回だけではなかったか。

テレビでは、私としては前述の『夢あい』のほかにもう一番組だけ八大さんと付き合っている。NHKの『ステージ101』という番組だが、この番組については後述する。

八大さんは1992（平成4）年6月10日、61歳の若さで亡くなった。この本の編集者に調べてもらうと「死因は心不全。晩年は持病の糖尿病やうつ病に苦しみ音楽活動の一線から は退いていた」とあるそうだが、私の記憶はこうだ。

亡くなった年の早い時期に帝国ホテルで、ある芸能人のパーティがあった。招かれて行くと久しぶりに八大さんと出会った。彼は言った、「帰りにバーで待っててくれ」と。

その通りにしていると彼は来て、こういう意味のことを言った。

「永さんがいろいろと心配してくれているんだが、自分としては彼と一緒にやる気はもうないので、あんたの仕事で僕の出番があったら声をかけてくれないか」

帝国ホテルのバーで飲んだことは、あとにも先にもこの時一度しかないので、この記憶に間違いはないと思う。別れる時はホテルの出口でタクシーに乗る彼を見送ったこと、そしてその時外は雪だった記憶も。

その時点で私の持っている仕事に八大さんの出番はなかったので、連絡しないままでいるうちに訃報を聞いた。葬儀には何をおいても駆けつけなければいけないのに、仕事にかまけて行けなかった。後日彼の自宅を訪ねてそのことを夫人に詫びた。その時夫人から、あの雪の日以来具合が悪くなって……と聞かされて、今も形容し難い気持ちになったものだった。

ちなみに永さんの記録によると、八大さんの葬儀の司会は彼が務めたそうだが、中村八大の名はイマも日本テレビの演芸番組『笑点』のスタッフタイトル「音楽」で見ることができる。半世紀以上続いている高視聴率番組の、歌詞のないテーマ曲。『笑点』ある限り中村八大さんの名は不滅だ。私がイマも毎週見る番組の一つにこの番組がある理由の一つは、「中村八大」と会えるからだ。

坂本九と私

彼と初めて会ったのは永六輔作・演出、いずみたく音楽のステージ・ミュージカル『見上げてごらん夜の星を』で彼が主演した時だ。私は永さんに頼まれて演出助手をしていたからだ。

今も九の娘、大島花子によって歌い継がれているヒット曲『見上げてごらん夜の星を』（作詞・永六輔）は、そもそも同名ミュージカルの主題歌だったので、そのステージは九の前に、今はまったく忘れられている伊藤素道とリリオ・リズム・エアーズ（通称リリオ）というグループによって本邦初演されたということなどは、これも後述するつもりなので、とりあえずここでは坂本九の歌ということで話を進める。

そのミュージカルを、いずみたくが坂本九主演で再演した時には、当時の人気グループ、ダニー飯田とパラダイスキングや九重佑三子も共演した。そしてステージでは彼らと彼女も当然、劇中曲を歌っていたが、結局は主題歌だけが坂本九1963（昭和38）年のヒット曲として残った。ちなみに現在も歌い継がれている歌詞のサビと言われる部分「手をつなごう／ボクと／追いかけよう／夢を／二人なら／苦しくなんか／ないさ」はリリオ時代にはない。坂本九らによる再演時に彼と九重佑三子がデュエットで歌うために書き加えられたものだ。

しかし坂本九の名を有名にしたのは、その2年前に歌っていた『上を向いて歩こう』のほうだろう。だからいずみたくは彼を主演にして「再演」したいと考えたのだ。

だが私には『見上げて…』といえば、やはり演出助手を務めたリリオによる初演のほうの記憶が鮮やかで、坂本九といえば彼から頼まれたリサイタルの構成時のほうが鮮やかだ。

中でも印象深いのはリサイタルで彼が歌いたいと言った自作の『おやじの歌』の詞に私が手を入れたことだ。彼は素直に受け入れてくれてその詞で歌ってくれたが、ではどんな曲かとなると思い出せない。

放送作家としてもっとも印象に残っているのは、ヒット曲とは関係のない番組司会者としての坂本九だ。彼がテレビの司会者として巧みだったことは、ムカシ評判だったインタビュー番組『スター千一夜』の司会者に起用されたことがあることでもわかる。

1985（昭和60）年、私が構成していたテレビの週1回の番組『この人…ショー』で、ダークダックス（通称ダーク）の回の司会を頼んだ時のことだ。その番組は「…」の部分に毎週違う個人名が入り、その個人は芸能人とは限らず小説家も登場した。つまり「この人」によって司会者も変わる番組。ダークは4人のコーラスグループで、そういう音楽畑で複数の「この人」を相手にできるのは坂本九以外には考えられなかった。イマでいえば「トークショー」で、NHKホールのような大ホール向きではない。そこでNHKでは珍しく小ホールを借りて公開で録画された。

ダークの回は神奈川県川崎市の小ホールで行われ、すべてがうまくいった。ところがそれから間もなく予期しないことが起こった。8月12日に発生した日本航空123便墜落事故。死亡した乗客の中に43歳の坂本九がいたのだ。NHKとしては死者が司会をする番組を放送するわけにはいかないというので、早々に撮り直し。司会者はNHKのアナウンサー。

撮り直し後、ダークのメンバーは私だけに聞こえるように言った。

「九ちゃんのほうが、はるかにやりやすかったな」

『上を向いて歩こう』が『スキヤキ・ソング』と名を変えたとはいえ、世界的に流行したのは坂本九の歌唱力によるところも大きいだろう。イマも、いわゆる「カバー」される歌のほとんどは、ソモソモの歌手がシッカリしている歌ばかりである。

今思い出したが、私が初めて書いたテレビドラマ『教授と次男坊』にも彼は出ていた。主演の教授が前述の有島一郎、そして次男坊が坂本九だった。

グループの人たちの話

『見上げてごらん夜の星を』と私

前述のように『見上げて…』は、私にとっては同タイトルのステージ・ミュージカルの主題曲。歌っていたのは、私はモッチャンと呼んでいた伊藤素道とリリオ・リズム・エアーズ。メンバーは伊藤のほかに石島健一郎、古川和彦、河野通雄、山ノ井しげるの4人。そしてステージでの共演者として生徒の母親役に元タカラヅカスターの橘薫と、唯一の女性生徒として当時は少し知られていた宮地晴子。

そのころの芸能界は現在と同様大手プロダクションが支配していたが、その商業主義に対して労働者のための音楽を広げようという勤労者音楽協議会、略称「労音」の動きが各地で活発だった。

今も残してある上演台本によると『見上げて…』の制作は「大阪労音」と、リリオの属していたナベプロこと渡辺プロダクション。作曲者のいずみたくが「労音」派で、当時はまだ無名の永六輔が「心情左派」と知って、東京にいる彼に「作・演出」を依頼したと思われる。しかし「大阪」だからステージは中之島にあったフェスティバル・ホールで、1960(昭和35)年夏の二十日間公演。

この翌年には東京のNHKで『夢あい』が始まっている。当時の永さんは例によって猛烈に忙しい。彼に頼まれるとなんでもハイと応える私だから演出助手を頼まれると、どんな仕事をするのかも聞かずにすぐに引き受けている。まずは東京でいずみたく音楽の録音に立ち会うことから始まった。彼が指揮棒を振ると、オーケストラが奏でた序曲はまるでハリウッド・ミュージカルを生で聞くようで、その旋律に私はダジャレではなく戦慄したのを憶えている。

こまかいスケジュールは忘れたが、全員大阪へ移動。舞台稽古が始まると私は舞台の道具方も兼ねさせられているのを知った。作・演出家は初日を見てダメオシをして2日目を見て満足するとさっさと東京へ帰っていった。私にも本職の仕事はあったが、道具方としては毎日リリオと付き合わないといけない。おかげでステージが終わるとホテルで台本を書いて東京局へ送ったりした。しかしリリオと20日間一緒にいたことで彼らと親しくなり、そのことがあとでとても役立つことになる。

肝腎の舞台だがリリオのメンバーは全員が夜間高校生。永さんに「夜間」の体験があったかどうかは知らないが、主役を夜間高校生にしたところがいかにも「労音的」。主題歌の歌詞に「ぼくらのように名もない星が」とあるが、「名もない」にはカネがないと行けない昼間の「普通高校の生徒」に対して、昼は働き夜は学ぶ貧しい生徒という意味が込められていたと思う。といって特にドラマがあるわけではなく、主に教室を舞台に生徒の喜怒哀楽を描いたものだった。

例えば夜間高校には少年だけではなく、すでに結婚している青年も通う。だから子持ちの高校生もいて不思議はない。もっとも記憶に残っているのが、父親になっていたメンバーが学校へ赤ん坊を乳母車に乗せて連れてくる場面。前場面から暗転中に夜の教室になる、その間に私が乳母車を用意したことだ。

そしてその場面は暗闇の中で赤ん坊の泣き声が聞こえることから始まり、教室が明るくなると伊藤素道扮する教師が入ってきて「誰だ、赤ん坊連れてきたのは！」と怒鳴ると客席大笑い。いかにも「お笑い」好きの永さんらしい作・演出だった。

もう一つ忘れられないのは舞台装置を担当していたのが、まだ『アンパンマン』で知られる前のやなせたかし氏だったこと。話が昼から夜に移る時、舞台を暗転にしないで太陽が沈んで教室の後ろで寝てしまう場面を見せた時にも観客は笑った。それがマンガ家だったやなせ氏のアイディアだったのか、それとも永さんのアイディアだったかは知らない。しかし遥か後年、マンガ家として功なり名を遂げていたやなせ氏が「ある時突然、永六輔という人物が訪ねてきてセットを頼むと言われた」という意味のことを書いていたから、やはり永さんのアイディアだったのかもしれない。

やなせ氏は2013年に94歳で亡くなっているが、17年には子供向けの優れたマンガや絵本などを対象とした「やなせたかし文化賞」が創設されている。とすれば16年に亡くなった永さんを偲んで、やがては「永六輔文化賞」が創設されてもおかしくはないが、いったい天才六輔のナニを対象とするのだろう。

さてリリオの『見上げて…』は好評裏に終わった。観客が泣ける場面はなかった代わりに、帰りに主題歌を口ずさむ客がいたという話を聞いた。初演時からヒットする要素はあったのだ。だからそのままリリオが持ち歌として歌い続けていれば、彼らの名も忘れ去られることはなかっただろう。

ところが、これもあとで聞いた話をまとめると、リリオは、当初ハワイアン音楽を歌い演奏するグループとして発足したが、ハナ肇とクレイジーキャッツの歌がヒットしたのを見てリーダーがクレイジー路線を目指すようになる。それを知ったナベプロが、その手始めに『見上げて…』の話を受ける。芝居っ気のあるリーダーは喜んだが、その気のないメンバーは仕方なく20日間を付き合った。そういえばモッチャンを除けば芝居はうまくなかったなと今にして思う。つまり『見上げて…』の舞台は好評でも、リリオ内ではリーダーとメンバーの間のギクシャクがより大きくなっていったらしい。

そこで私にサイワイが回ってきた。大阪での『見上げて…』が終わっても、東京ではリリオの音楽番組が待っていた。その「構成」を彼らと親しくなった私が頼まれたのだ。そんな時期、ナベプロの社長と会ってリリオをよろしくと頼まれた記憶がある。

ラジオにしろテレビにしろ、台本なしで5人のフリートーク番組というのはムカシもイマもあり得ない。特にリリオのようなオシャベリが本職ではないタレントの場合は、5人それぞれの個性を生かした台詞を書き分けなければならない。そこで彼らが出演する番組を書くのに、大阪での20日間体験が大いに役立ったというわけだ。

東京でのラジオはニッポン放送。5人がそれぞれの思いで選んだ曲をかけるという趣向の番組。テレビは日本テレビ、『素敵な紳士たち』というタイトルで毎回異なったゲストを呼んで、コント風な会話をしながら歌を紹介する番組。しかしいずれも長続きしなかった。彼らの自壊作用が進んでリリオは解散してしまったからだが、幸い私には5人の会話を書き分けるというテクニックが残った。

なお作曲のいずみたくは『見上げて…』以後もミュージカルを作曲し続け、『アンパンマン』がミュージカル化された時にも作曲したが、それが最後の作品になったあとも、その弟子たちのグループ「イッツフォーリーズ」が師の志を継承し、2012（平成24）年には「没後20年」を追悼して『見上げて…』を上演している。

『8時だョ！全員集合』と私

リリオ・リズム・エアーズが解散するので、彼らのラジオ番組が終わるとわかった時、ニッポン放送のプロデューサーから聞かれた。

「ドリフターズというグループを知ってるか？」

そのころ『8時だョ！全員集合』（以下『全員集合』）はまだ始まっていなかったが、『進め！ドリフターズ』というようなタイトルのテレビ番組を見たことがあるような気がして、そう答えると、

「実はリリオのあとをドリフの番組にすることになってるんだ。ドリフも5人だからあんたなら書けるだろうと思うので、よろしく頼むよ」

ありがたい話だ。しかし私は書く前に必ず本人たちに会うことにしている旨を伝えると、そのころドリフは、テレビ以外にも当時流行していたジャズ喫茶に出ているという。そこ

ですぐに観に行った。それがドリフと私との出会いである。

早速彼らの番組を書き、ＯＫが出て、週１回の番組を私が一人で書くことになった。ジャズ喫茶で見たヤリトリを基に書いた会話はすんなり受け入れられて、スタジオでの録音時に台本を読むテストでメンバーがトチルと、リーダーの長さんこといかりや長介が「見ろ、だからこんな台詞を書かれるんだよ」と怒っていた声を今でも思い出す。

調べると『全員集合』は１９６９（昭和44）年10月に始まっている。

しかしラジオ番組がいつ終わったかは台本を残していないのでわからないが、その後、私が『全員集合』の「作・構成グループ」に参加するようになったのは、台本によれば42回目からだ。週1回の番組だからスタートして1年後あたりだろう。だがグループに入る前に、私が一人で書いた回があるのだ。

こまかい話だが、あの番組ファンだった年代の人はスタート時から毎週土曜日午後８時からの公開生放送だったと思っているだろうが、実はスタートした年の暮れと翌年正月１週目だけは、世間並にドリフを休ませるためにスタジオ録画していたのだ。その録画分を書いたのが私だ。

非公開のスタジオ撮りだから観客はいない。なのでドラマ形式にしたいという。『全員集合』のスタッフと初めて会った時、私はドラマ作者として紹介されたのを憶えている。私は加藤茶が視聴者を泣いて笑わす芝居を作りたいと思い、そんな役柄とストーリーにした記憶もある。結果は失敗した。脚本の失敗を棚に上げて言うと、加藤にそんな演技は無理だった。だからすぐにはレギュラー作者としてオヨビはかからなかった。

ドリフにドラマは無理ということがわかって、生放送の回も少しは作り方を変えていったのではないか。そのせいか次第に高視聴率を取る人気番組になっていく。そうなればなるほど「作・構成」には多彩な力が必要になる。コントにも少しはストーリー性を持たせようという話になったのではないか。だから私にも42回目から声がかかったのだろう。

私がレギュラーになって一番驚いたのは、長さんの恐ろしいほどの、いや実際に恐ろしい「笑い」に賭ける執念だった。

その執念に応えてプロデューサーは、TBSのリハーサル室を週2日丸ごと、つまり時間制限なく使えるように押さえ、そして生本番当日の朝早くから稽古できるように公開放送会場を押さえていた。

そのスケジュールを具体的に言うと、次のようになる。

まず私が加わったころの番組の全体構成を説明しよう。放送1時間のうち前半はドリフだけの長めのコント、CMがあって中ほどはゲストと一緒に体操をしたり歌を楽しんだりするコーナー、そしてまたCM後の後半はゲストがらみの複数の短いコントの3部に分かれていた。

リハーサル1日目は、前半コントの事前に担当作者とディレクターが相談しておいた内容を、黒板に書いて説明する。それでOKかどうかは長さんが決める。OKの場合はドリフのメンバーとスタッフ全員が、それぞれアイディアを出し合う。美術担当もいてコントにふさわしいセットについてアイディアを出す。それらを長さんは一つ一つ聞きながら意見を述べ、それに従って2日目のリハーサルまでに作者が書き直してくることになる。それがもっともスムースに進んだ場合。

コントの内容そのものが長さんのお気に召さなかった場合は大変だ。ゼロから作り直すために長さんは横になり目をつむって考え込む。いつ出るかわからない結果が出るまでメンバー、スタッフは口を挟めるような雰囲気ではないので、何かをして時間を潰している。

高視聴率番組になってから、ある新聞記者がリハーサル風景を取材に来た。さぞかし熱心に稽古をしていると思いきや、リーダーは眠りメンバーは遊んだりしているように見えたらしい。そこで呆れて「稽古はいつするんですか」と聞いた光景を私も見ている。観客を笑わせる「笑い」を作るには、こういうアソビ時間も大切だということもあとでわかった。

さてやっと長さんがヨシ、コレデイコウと起き上がり、説明するのを担当作者が黒板に書きながら、時には自分の意見を挟んだりする。そんな時の長さんの決まり文句。

「あんたの言う通りにして客にウケなかったらどうする。困るのはオレたちなんだぜ」

こうして書き直された印刷台本が、2日目のリハーサル日に用意されている。それで長さんのOKが出ると、実際に動いてみる立ち稽古に入る。この時にはディレクターも口を挟むが、その案が採用されるかどうかはむろん長さん次第。午後に始まった立ち稽古がスムースに終わる場合もあれば、夜中になってもまだ続いている場合もある。だからプロデューサーはリハーサル室を終日押さえているのだ。

その間にはむろん美術担当もいてセットのダメダシも行われる。パトカーがメンバーの住む長屋に突っ込む話が出た時には、パトカーが造り物では面白くない、本物を借りようという話になるのもこの日だ。

土曜日の本番当日になって初めて本物のセットを見る。ゲストもこの日に来る。稽古通りにいく日もあれば、そうはいかない日もあるので、それを確かめながらの稽古が午前中からまた始まる。本番通りに行える回もあれば、パトカー登場の場面などはブッツケ本番だけ。いずれにしろ本番ギリギリまで稽古は続いて、時には稽古が終わらないまま本番の時間が来てメンバーは慌てて客席に降りる。

時間が来た。ゲストを従えて長さんは叫ぶ「8時だョ！」、客席の親子連れと通路にいるメンバーが一斉に応える「全員集合！」、そして開始のテーマ音楽に乗ってメンバーはステージへ。つまり生本番当日を含めて毎週3日間は、こんなスケジュールが繰り返されるのだ。

本物のパトカーを借りてくるのはプロデューサーの力だが、そんな無理が通っていくのもすべて長さんの「笑い」に賭ける執念の力だということを、私はこの眼で見、体験した。

しかし前半のコントを依頼されることはなく、主にゲストコーナーを書いていた。そこでも長さんのケンエツがあるのはいうまでもない。満足した時、彼は必ずこう言った。

「ありがとうございます。この通りやらせていただきます」

珍しいことなので、彼がそう言った時の加藤茶の台詞を今でも憶えている。

それは本番が「母の日」だった時のことだ。ゲスト歌手たちはマジメに母に感謝する歌を歌う。すると加藤も手を挙げて母に感謝する作文を読ませろと言う。その作文。

「ボクのお母さんはリッパだった／ストリッパーだった」

すると当時ストリップで有名だった曲『タブー』が始まり、加藤はストリッパーの動きで踊りだす。笑いが起こる。すると加藤は言う「ちょっとだけよ、あんたも好きねぇ」。

そしてよろしき間があって、長さんに叱られるという趣向。

『全員集合』はよく子供番組扱いされたが、現実はそうではない。前述のように観客は親子連れで来ているわけで、親はむろん子供も今で言うシモネタも知っているものだ。だからストリップの音楽と踊りでちゃんと笑ってくれたのだ。

けれども私は明らかに苦しんでいた。苦しい時のシモネタ頼みで、度が過ぎて加藤にもたしなめられたことがあるくらいだ。

苦しんでいたのはメンバーの中にもいた。荒井注サン。長さんは1931（昭和6）年生まれ。私より1歳年長だが、号令をかけたり怒ったりするだけだから、そんなに体を動かさない。しかしメンバーは実によく動かされた。荒井注、仲本工事、高木ブー、加藤茶。この4人のメンバーの中で最年長が1928（昭和3）年生まれの荒井さん、次が私より1歳年少、33年生まれの高木ブータン。体の動きが一番機敏で体操上手、本名のコーキ（興喜）と呼ばれていた仲本は41年、そして加トちゃんは43年生まれ。

回によってはゲストコーナーで仲本が主導権を取る体操コントの場合があり、そういう時ブータンの、その名の通りデブでニブイ動きは笑いになったが、マジに体操する荒井サンは私が入った時からつらそうだった。記録によると彼がドリフを離れたのは74年とあるが、それ以前から彼が「みんなの動きについていくのが苦しい」という話を私も聞かされていた。

しかし彼が実際に辞めた時には私も長さんの「執念」に負けて、いつとはなしにリハーサル室から足が遠のいた。つまり作・構成グループから「自然消滅」していたので、わが家で録画した『荒井注最後の全員集合』のＶＴＲを今でも残してある。

その回にはメンバーの「見習い」として志村けんが登場しているが、私の知っている志村は「見習い」以前、例のリハーサル室へ、自分で探した相方と一緒に考えたコントを見せに来ていた。つまりメンバーになりたくて売り込みに来ていたのだ。しかし面白くなかったので黙殺され続けていた。

ところがゲストコーナーで「オクニ自慢」の唄を、ゲストは真面目に、ドリフはギャグ入りで歌おうと稽古していた時に志村もいて、自分の出身地の唄だという『東村山音頭』を歌い踊った。誰もが言った、「それ、面白いじゃないか」。そして実際に彼がメンバーとして人気が出始めたのは『東村山音頭』からだった、というところまでは私も知っている。

その志村が今や「お笑い芸人」から「コントの神様」扱いされているのだから、彼の笑いに賭ける執念もリッパというほかはない。

一方リハーサルから「自然消滅」した私は、ＴＢＳのほかの番組は書いていたので『全員集合』の噂は自然と耳に入る。そして長さんもかつての元気がなくなったという話を聞いて間もなく最終回を迎えたようだった。

それからの長さんは一転、ほかの民放局でマジメドラマの渋い脇役を演じたり、舞台では『全員集合』時代の「学校コント」の先生役からは想像もできない大マジメな先生役を演じたりしていた。

ある時、偶然が私を彼と会わせ、二人だけで初めて飲んだ。彼の話は専ら『全員集合』時代に終始した。私にとっても忘れられない番組だから、あの番組のプロデューサーが作って、私のような「自然消滅」組も含めて全スタッフに配ったらしい、文字盤に「ＴＢＳ」のマーク入りで「8時だョ！全員集合　15周年記念」と記載されている腕時計を今も毎日愛用している。ほかの腕時計はとうに動かなくなっているのにこれだけは、確か電池を一度替えただけで私の手首で動き続けているのだ。

2、3年前に、これも偶然、仲本工事が近くに住んでいるとわかり、昔話をしたくて訪ねた。その時「これ、今も持ってるよ」と手首を見せると彼は驚いた。

「エッ！　そんな時計あったの！」

聞けば肝腎のドリフ一同は誰も知らなかったという。とすれば、かのプロデューサーは全スタッフをねぎらうだけのために作ったのか。居作昌果（いづくりよしみ）というその人物に、もしまた偶然があれば聞いてみたかった。

ちなみに台本と腕時計以外にもう一つ、ドリフ5人のサイン色紙も残してあるが、その5人の中にいるのは荒井注で、志村けんはいない。

『ステージ101』と私

こう。

『ステージ101』はNHKの番組なので、まず私とNHKとの関わりについて書いておこう。

ラジオの番組は書いたことがない。

初めて書いたテレビ番組はNHKがまだ千代田区の内幸町にあった生放送時代の歌番組。むろんモノクロで、やはりリリオとの縁で1本書いた。

それから歌とコントで作るバラエティ番組をレギュラーで持てるようになったが、すぐにクビになった。理由はコントの政治風刺が強すぎるというもの。

当時も公開番組はあったがNHK局舎内には観客を入れる場所がなかったので、近隣のホールを借りていたが、主流はスタジオ制作の生放送。まずホン（台本）読みをやり、それから部分部分の立ち稽古をやり、ランスルーという本番通りの通し稽古をやってから本番という段取り。だからランスルーが本番通りの時間に収まると、もう変更はできない。

普通はホン読みの段階からプロデューサーが現場に来ているものだが、その回はどういうわけかランスルーになって現れた。見終わってから、あるコントの政治風刺が強すぎてあとで問題になるかもしれないからカットしてくれと言う。これもどういうわけか、その時の印刷台本を残してないのはくれぐれも残念だが、そう言われてもカットしてしまうと本番前にソコを補う作業ができない。それで私は断ってそのまま本番をやった。

果たして本番後、私だけ彼に呼ばれ、来週から降りてもらうと言われた。

果たしてというのは、かつてラジオの時代に、聴取者として私の好きだった『日曜娯楽版』で同じようなことがあったと聞かされていたからだ。「トリロー文芸部」の作ったコントに、時の政治家からクレームがついた結果、トリローこと三木鶏郎はクビになり『日曜娯楽版』は『ユーモア劇場』と名前を変えて、あたりさわりのないコントばかりになったのを私の耳は憶えていた。

そういえば『娯楽版』時代はいつも聞こえていた♪ボクハ特急ノ機関士デ……といったようなトリロー音楽が、『ユーモア劇場』になってからはまったく聞こえなくなってしまっていたことも思い出す。

もっとも厳密に考えると、風刺コントとは風刺された側も笑えてこそホントのコントと言えるので、された側が怒ったのではコントとしてのデキが悪かったと言えなくもない。


さて、そんなことがあってNHKとは無縁になってから20年近くは経っていただろうか、突然NHKマンから電話がかかってきた。彼の名は憶えていた。アノころ現場で下っ端のAD（アシスタント・ディレクター）をしていた男だ。

「今、何してる？」

私が民放の仕事で結構忙しくしていると応えると、

「実は手伝ってもらいたい番組があるんだが、一度会えないか」

私が降ろされた事情を知っているはずの男からの依頼だ。余程困っているに違いない。

そう思って会うと彼はその番組のデスク、即ちキャスティングだの何だの、その番組すべての面倒を見る係に出世していた。用件をかいつまんで言うと、こうだ。

そのころ（リリオのいた）ナベプロが作って売れていた若いグループに「スクールメイツ」

というのがあった。それに対抗してＮＨＫも「ヤング１０１」というグループを作った。１０１とは渋谷のＮＨＫでもっとも広いスタジオの名前で、そこを舞台に活躍させようと番組名を『ステージ１０１』とした。今度そこで「正月特集」をやるつもりだが、ゲストも含めると大変な人数になるので、とても一人のライターでは処理できない。そこで、もしかしたら今は暇かと思って電話した……。

以下はその時の印刷台本は残していたので、それに従って説明する。

その台本がいかに慌ただしく印刷されたかは表紙を見ればわかる。通常印刷される時、表紙には「作・構成」者の名前が載るものだが、この台本には前任の構成者の名前だけがあって、私の名前はない。そこで私は前任者の上にペンで自分の名前を書き入れている。本文中の「作・構成」者欄にはちゃんと私の名前が上に記録されているからだ。

まずは出演者。

レギュラー・「ヤング１０１」女性17名、男子21名

他に「ダンサーズ１０１」と称するグループ・女性６名、男性４名、演奏者として

「コンボ101」「オーケストラ101」のメンバー
　ゲスト・越路吹雪、市川染五郎、桂文楽、三木のり平、金井克子とダンサーズ、黒柳徹子、中村八大、和田昭治

この中には、今は説明しないとわからないゲストもいるが、ここでは説明は省く。

そしてスタッフとしての「音楽担当」となると中村八大、和田昭治以外に次の人たちの名前が列記されている。


　内藤法美（つねみ）、小松崎孝輔、前田憲男、山本直純、渋谷毅、清須邦義

いずれも当時としてはそうそうたる顔触れだが、その説明も省く。

肝腎の内容については歌あり踊りあり演奏あり、イマ風に言えばスーパー音楽バラエティ番組としか言いようがない。ただ録画（VTR）には1970（昭和45）年の12月4日と5日の二日をかけていながら、放送は翌71年の1月2日（土）の午後8時から9時まで、

タッタの1時間だったことがわかるとだけ書いておこう。

この番組が週1回のペースで翌年も続いていたことは72年の台本も残していることでわかるが、その間に出演者は「ヤング１０１」だけになり、演出スタッフも全員替わり、「音楽担当」もすべて前記以外の人物に替わっている。そしてなによりも変わっているのは放送時間、60分が30分になっている。

あえて業界的に言うと、ＮＨＫとしては民放を上回るべく大予算をかけて、特に新たにグループまで作って代表番組を作ろうとしたが結果が出ず、つまり視聴率が上がらないので、まずＮＨＫ側スタッフと「音楽担当」を総入れ替えしたものの効果はなかった、ということだろう。

ひとごとではない。私が残している72年の台本は私一人が書いているからだが、これを書いて間もなく私も外された記憶がある。『全員集合』同様、この番組でも私は途中参加、途中降板ということになるが、『全員集合』と違うのは「自然消滅」ではないということだ。そして『１０１』の場合は60分が30分になってからやがて消滅したと聞いた。

そういえばのちに元「ヤング１０１」のメンバーの一人・小原初美に聞いたところでは、

「ヤング」そのものにも結構出入りがあったそうだし彼女自身も中退組だが、「101」時代に学んだことが役に立って、今でもソロ歌手としてライブ活動を続けている。

同様の生き方をしている元メンバーがほかにもいるそうだし、演奏者、編曲者として活躍している男性もいるそうだ。

とすれば「ヤング101」はイマのAKB48など、いわゆるアイドルグループの先駆けだったという、好意的な見方もできる。もっとも民放育ちの売れっ子タレントたちを引き抜いて、ヌケヌケとテレビの旅番組等を持たせているイマのNHKには、「ヤング」のような「芸能スクール」を作る気はまったくないだろう。

そういうことも含めて『ステージ101』は、テレビ史的に言えば貴重な番組だったと思うので、あえて私の「時間」に採り入れた。

テレビと女優の話

前のコーナーに登場した「ゲスト」に黒柳徹子がいた。2019年現在、『101』ゲスト陣の中で数少ない現役。むろん『徹子の部屋』のアルジとしてだが、86歳にして44年目を迎えた同番組の彼女が、アルジとして50年を目指すという志にはただただ感服のほかはない。と同時に彼女のキャリアを生かしたゲストのキャスティングの妙も番組を支えていることを、裏方の立場としては忘れるわけにはいかない。

ところでこのコーナーでは私がテレビで関わった女優たちを紹介するつもりだが、残念ながら彼女たちのドラマを書いたわけではない。本業は舞台女優、映画女優だった人たちにテレビショーの主人公やゲストとして登場してもらった番組の台本を書いたに過ぎない。しかし演劇や映画の専門家たちの知らない一面をご紹介できると思い、あえて彼女たちに登場してもらうことにした。

但し黒柳の場合は舞台女優とも映画女優とも呼べない。アノ『部屋』でアルジを見事に演じていることでテレビ界での存在感を示していることを考えると、誰が言ったか「テレビ女優第1号」という呼び名がふさわしいのかもしれない。

ともあれ彼女のために私はどんな台本を書いたかをご紹介することから始めよう。

黒柳徹子と私

黒柳徹子は『ステージ101』のゲストではあったが実は特別なゲストで、「ヤング」のメンバーが一人前になるまではという立場で番組司会の最初の指南役を演じてもらっていた。最初というのは、彼女以後にも別の指南役が登場したからだが、それはともかく例えば1971(昭和46)年6月2日ナマ放送の回は私一人が書いているが、そのころには「ヤング」の中から泉朱子(いずみしゅこ)というメンバーが司会役になっていて、黒柳はその補佐という形を採っている。

番組はまず「ヤング」全員でテーマ曲を歌うことから始まる。そしてテーマが終わると画面には黒柳と朱子が飛び出してくる。

二人（カメラに向かって）今晩は。

朱子　泉朱子です。

黒柳　黒柳徹子です。

朱子　今日のステージ101はソロ大会。

黒柳　ソロというのは、ご承知のようにソロソロ唄うことではございませんで、独唱、つまり今日はヤング一人一人の個性をお楽しみいただこうという趣向でございます。でも朱子ちゃん、ソロ大会はいいとしても、ヤング全員で何人？

朱子　二十七人。

黒柳　つまり二十七曲唄うわけでしょう？

朱子　それにダンサーズが十人、コンボが五人。

黒柳　十五人、プラス二十七人で四十二人。

そこへ「ヤング」から「ワンツウ・オジサン」と呼ばれていた和田という、音楽コーチ役の人物が入ってくる。

和田　私を忘れちゃ困りますね。
黒柳　アラ、ワンツウオジサンも？
和田　当然です、もっとも重要なメンバーの一人ですからね。
黒柳　じゃ私も入れて四十四人。今何時？

そこで一同、時計を見る。
それを見た朱子が（ナマ放送の）時刻を言う。

黒柳　ということは残り時間は何分？　みんなで計算して！

「ヤング」それぞれ計算して、勝手なことを言う。

黒柳　バラバラじゃないの！　誰か時計係を専門におかなくちゃ！

朱子　誰かタイムキーパーやってくれない？

そこで計算が得意だという四人がとび出してくる。

その中の一人に黒柳が聞く、「あと何分？」。メンバーが答える。

黒柳　それを四十四で割るとどうなる？

メンバー（計算する。一人一分もないことになる）

黒柳　こうしちゃいられないわ！　早く始めましょう！

朱子　最初は、黒沢クンと小原サンが唄います。

黒柳　あ、一度に二人が唄う場合もあるわけね。

それなら何とかなるかも知れないわ。

朱子　ワンツウオジサン！

和田　アーユーレディ？

黒沢・小原　イヤー。
和田　ワンツウ、ワンツウスリーフォー！

で、黒沢、小原というメンバー二人の歌になる。
そして以後、黒柳が自分の歌が時間内に入るかどうかを心配しながら番組は進んで、結局黒柳は唄えなかったというオチで終わるという趣向で台本は成り立っている。
その部分、台本にはこう書いている。

朱子　お待たせしました。あと二曲、それも続けてやれば（時間的に）何とかなるそうです。
黒柳　でも私の唄は入らないんですって？
朱子　あら、やっぱりお唄いになるつもりだったんですか？
黒柳　……もう諦めたわ、あとは時間にピッタリ収まるかどうかの問題だけ。
　　　サア、行ってみましょう。
朱子　ゴー！

その時実際にこの番組を観た人が、この趣向を楽しんでくれたかどうかは知らない。ただムカシもイマもテレビには、どんな番組にも台本はあるという一例としてご紹介した。

もっとも黒柳のために私が書いたのは司会役だけではない。右の台本を書いてから15年後に、やはりNHKテレビで書いていた観客を入れての公開録画45分番組『加山雄三ショー』（後述）にゲストの一人として招いた時は、加山と二人で歌うコーナーと、黒柳が一人で観客に向かってしゃべるトークコーナーのほかに「二人でドラマを」というこんなコーナーを考えている。

加山　ところで黒柳さん、実は大切なことを忘れてました。

黒柳　何でしょう？

加山　黒柳さんをご紹介するのに、オシャベリの天才とか、テレビの名司会者とか、いろいろ申し上げましたが、何よりも女優さんでいらっしゃる。

黒柳　よく思い出して下さいました。

実は今日は加山さんとお芝居をしたいなと思って、こういうものを用意して来たんです。

（と台本を二部取り出して、一部を加山に渡す）

もともとはラジオドラマなんですけど、登場人物は二人だけ。しかも加山さんと私にピッタリだと思って、選んできたんですけど……

加山　ラジオですから台本は持ったままでいいわけで……お願いできますわね。

黒柳　しかしラジオドラマって、やったことないんですがね。

加山　ご心配なく！　ドラマっていっても軽いスケッチ……

それに加山さんにお願いする役は外科のお医者さんで、しかも一人の女性を命がけで愛してるの。愛に生きるステキなお医者さま。加山さんにピッタリだと思いません？

加山　ということは、もしかしたら僕が愛しているのは？

黒柳　そう、私。とってもチャーミングで美しい看護婦さん……ラジオですからそのおつもりで。それともラジオでも私が相手ではおいや？

加山　とんでもない、喜んでやらせていただきます。

黒柳　では加山雄三、黒柳徹子による本邦初演、題して「ガーゼをもう少し」。

そこで荘重なオープニング音楽が短く流れる間、照明は黒柳だけをピンスポットで。

黒柳　（客席に向かって）ここは、とある病院の手術室。重症の患者さんを前に、手術は今、始まったばかりです。

音楽が消えると同時にピンスポットも消えて、ドラマの照明になる。
以下「医者」（医）とあるのは加山、「看護婦」（看）とあるのは黒柳。
手術室の雰囲気を出す効果音が流れる。

医者　メス
看護婦　メス
医　ガーゼ
看　ガーゼ

医　ガーゼ
看　ガーゼ
医　もっとガーゼ
看　もっとガーゼ
医　もっとガーゼ
看　もっとガーゼ
医　もっとガーゼ
看　もうガーゼはありません
医　ない？
看　はい
医　どうして？
看　どうしてだか判りませんが……きっとガーゼの数が少なかったのだと思います
医　わかった　ではスポンジ
看　スポンジ

医　鉗子（カンシ）
看　鉗子
医　糸
看　糸
医　徹子クン
看　はい
医　君を愛している
看　ハ？
医　君が好きだ
看　おやめ下さい、こんな時に
医　スポンジ
看　スポンジ
医　もう一つスポンジ
看　それで全部です

医　二つしかないのか
看　二つしかありません
医　徹子クン！
看　はい
医　どうして君は僕を避けるんだ？
看　私はここにいますわ
医　今じゃない！　廊下で会う時だ、廊下で会うと君はなぜ僕を避けるんだ？
看　あなたこそ、なぜ私を避けないんですか？
医　僕は君のことをいってるんだ、なぜ君は、コーヒーの自動販売機のところで背中を向けた？
看　背中なんて向けないわ
医　いや、わざと背中を向けた
看　失礼ですが、酸素が少なくなっています
医　話題をかえないでくれ

看　でも患者さんの酸素が少なくなってるんですよ
医　じゃ、ふやしてくれ！
看　そうしてます
医　(雰囲気の間があって) 他に誰かいるのか好きな男が
看　他に何か欲しいものは？　糸、スポンジ、他に何か？
医　他に誰かいるのか
看　そんなこと、今お話したくありません
医　上原だろう、君があの二枚目と一緒に食堂にいるのを見たぞ
看　先生！　とにかくそんなこと、今、ここでお話したくありません
医　君は冷たい、冷淡だ、……なんで僕はこんなに君が好きなんだ
看　そういうことを手術中におっしゃらないで下さい
医　針
看　針
医　糸

看　糸

医　いとしい徹子クン……

看　針に糸をお通ししましょうか

医　いや、いい、いや、そうしてくれたまえ……自分で何をしているのか判らなくなって来た

看　サア、元気を出して……

医　なぜ君は、そんなに僕を苦しめるんだ

看　苦しめてなんかいないわ、元気をつけようとしているのよ

医　僕を元気づける方法はただひとつ……、それは君がイエスと答えてくれることだ

看　お願いです、先生

医　やっぱり上原だね

看　今はお話したくないんです

医　君の相手が上原かどうかを知ることは、今の僕にとって、非常に重要なことなんだ……

……やっぱり上原だろう

看　酸素がまた少なくなってます
医　放っときなさい、こんな苦しみはもう沢山だ！
看　早くぬいあわせて下さい
医　いいかい……僕は君がイエスというまで、絶対この手術を終らせないぞ
看　無茶苦茶ですね
医　無茶だろうが苦茶だろうが、君がイエスというまでは、絶対に手術を終らせない……
看　先生……患者さんが死んでしまいますよ……苦しんでます
医　僕だって苦しんでる……
看　………
医　サア、イエスかノウか、どっちなんだ
看　それじゃまるで脅迫じゃありませんか
医　構うもんか、こうなれば手段を選ばない
看　先生！　あなたは医者でしょ！
医　もちろん、僕は医者だ、外科医だ……しかし男でもあるんだ、だから君がイエスという

までは、絶対に手術を終らせない……

看　サア、イエスかノウか、君の好きなほうを選びたまえ！

医　他に選びようはないじゃありませんか……イエス

看　それでいいんだ！　手術を続けよう、糸に針は通せたかね

医　針に糸は通してありますけど

それでいいんだ！（とニッコリするところで）

二人、ストップモーションになって、小エンディングの音楽流れる

黒柳　いかがでしたでしょうか、愛に生きる加山さんのお医者さま、なかなかの迫力だったと思いますけど……

加山　いやあ、それにしても驚きましたよ、命がけで愛するのはいいんだけど、まさか患者さんの命をかけるとは……実にひどい医者だ！

黒柳　でもそこは作り話ですから……

というようなドラマをフォローするトークがあって、加山の弾くピアノに乗せて黒柳が、二人の別れの時がきたことを語り、黒柳が退場するところで観客前での二人のコーナーは終わる。しかし番組的には、更に「エピローグ」と称して楽屋での二人のトークを付け加えている。

この番組、詳しく言うと１９８６（昭和61）年10月17日、福島県平市民会館で録画され、同年11月15日、１チャンネルで20時から45分間放送された。

録画当日は、むろん私も福島にいてホン読みからリハーサルすべてに立ち会い、本番時は客席の中にいた。当時は加山の父親が「若大将」よりは遥かに美男子の映画俳優・上原謙だということが広く知られていた時代なので、台詞の中で「上原」の名前が出てくるたびに客席の笑いが一際大きくなったことを、今もカラダが覚えている。そこが無観客のスタジオ制作番組とは違った楽しさなのだ。

付け加えるとこの番組がテレビでの二人の初共演。他メディアのことは知らないが『徹子の部屋』を除けば、こんな形でのテレビでの共演は、これが最初で最後かもしれない。

杉村春子と私

1953（昭和28）年といえば私は21歳。まだ大学生だったころに心酔した劇作家に森本薫がいた。その全集やラジオドラマ選集を今も所持しているくらいだから、私が曲がりなりにもドラマを書けたのは森本先生のおかげかもしれない。

しかし、その代表作の一つ『華々しき一族』は映画化されたので観たが、もう一つの代表作『女の一生』は、主人公「布引けい」を演じた文学座の大女優・杉村春子にとっても代表作だとは知っていても、その舞台を観たことはなかった。幸いまだ学生時代だと思う、渋谷の今はない東横ホールで観ることができた。むろん大感動だったが、まさか杉村春子に直接会える時が来ようとは！

それは後述するＮＨＫテレビの『この人…ショー』という番組の杉村春子の回を書くための取材に、文学座を訪ねた時のことだ。多分私は興奮していて、森本薫のことまでしゃべってしまったのだろう。肝腎の取材内容よりも、彼女が「薫ちゃん、薫ちゃん」と何度もチャンづけで呼んでいたことだけを憶えている。

ここで劇評家なら二人の関係についてウンチクを披露するところだろうが、私にその趣味はない。ただ直接会って感じたのは、この大女優のために私が台詞を書く必要はない、彼女に向いた司会者とゲストを選び、司会、ゲスト用の台詞を書けば、本番時には自在に答えてくれるだろうし、それが彼女の、いわゆる素顔の魅力を引き出すことになるということだった。

ただゲストを登場させる趣向として、演劇的セットを作り、そこをゲストが訪ねるという仕掛けを考えたが、失敗した。セットなど作らずラフなまま話す趣向でよかったと気づいた時すでに遅し。

プロデューサーからも「あのコーナーはつまらないから撮り直せ」の指示が出た。反論の余地はないが、問題はアノ杉村春子サンが撮り直すことを承知してくれるだろうか、それも下手な趣向は考えず、ストレートに『女の一生』の中の名台詞を、たった一人で語ってもらうことにしたことを……。

やはりサスガ大女優と言うべきだろう、一も二もなく承諾してくれ、そのコーナーだけスタジオで撮り直した。

言い忘れたが『この人・杉村春子ショー』は観客を入れての公開録画だったのだ。放送では撮り直しシーンを見事に繋いでいたのはテレビならではの編集の妙。

二人の高峰さんと私

二人とは、ともに映画女優の高峰三枝子と高峰秀子。舞台女優・杉村春子同様、今は知らない人の多い名前かもしれないが、私には三人とも大のつく女優ということだけで十分。実際、放送作家でなければ素顔にはお目にかかれない人たちだ。そしてもしかしたら彼女たちが会ってくれたのはＮＨＫのテレビだったからかもしれない。イマでもＣＭがないからＮＨＫは違うと思っている人がいるくらいだから。

さて二人の高峰さんに共通しているのは「歌える女優」だということだ。いや三枝子さんの場合は『歌のアルバム』というレコードを出しているくらいだから「歌う女優」と言うべきだろう。

今調べると三枝子さんは１９１８（大正７）年生まれ。私も知っていた彼女のヒット曲『湖畔の宿』も『南の花嫁さん』も戦争中にヒットしている。

秀子さんは1924（大正13）年生まれ。私の知っているヒット曲は敗戦後、間もないころに歌っていた『銀座カンカン娘』だけ。

そして個人的イメージとしては、まず私の観た映画、三枝子さんなら五所平之助監督の『今ひとたびの』、秀子さんなら木下恵介監督の『二十四の瞳』を思い出すように、なによりも映画の大スターだった。

しかし今も思い出す二人は放送作家になってから書いたNHKテレビショーの縁で、いわば楽屋で会った時のことだけである。それでも二人を採り上げるのは、私には忘れ難いエピソードがあるからだ。それも三枝子さんの場合は、放送ではなく歌手としての舞台興行時の楽屋話だ。

話は飛ぶが、今はテレビの食べ物番組でお笑いタレントが流行らせた「まいうー」が子供たちにも通じる時代だろう。オイシイの「うまい」を逆さにして「まいうー」。この種の言い方は、昔は業界だけに通じる言葉だった。その一つに「内職」を逆さにして「ショクナイ」という言い方があった。そして音楽番組のディレクターの中には番組で知り合った歌手に頼まれてショクナイで舞台の演出に励む男もいた。

ある時、高峰三枝子も出たNHKの音楽番組を書いたあとで、ディレクターに頼まれた。

「実は高峰さんからショクナイを頼まれてるんだ。手伝ってくれないか」

むろん引き受ける。

初演の会場がどこだったかは憶えていないが、初演時までは私も付き合っている。いや、その前に彼女との打ち合わせに彼女宅を訪ねている。高級住宅街で知られる田園調布を初めて訪ねた時なので、いかにも大スターらしい洋風の邸宅だったことも憶えている。

ディレクターと私を応接間に招き入れた彼女は言ったものだ。

「さっきまでそこに松下幸之助さんがいらしたのよ」

言うまでもなくナショナル電気の創業者。「へぇー、あの大金持ちともそんなに気安い付き合いをしているのか」と感心したものだ。ちなみにカネモチは業界用語で「ネカチモ」という。

それからホンを書き初演日を迎える間に彼女は健康を害したという話を聞いた。

初演日に楽屋を訪ねると、果たして顔色の優れない彼女がいた。私は黙って見ているほかはない。

ディレクターが聞いた。

「大丈夫ですか？」

すると彼女はキッとして彼を見て言った。

「私はね、お客様の前ではいつもきれいじゃないといけないのよ」

その表情と言葉に私は感動したのだ。ここにプロの美女がいる！

それから何分か経って、私は客席後方にいた。

オープニングの音楽とともに幕が上がると、そこには美しい上にも美しい笑みを浮かべた美女がいた。私は観客とともに大拍手をした。


もう一人の高峰、秀子さんの場合は状況も感動の仕方も違う。

１９４０（昭和15）年といえば日本軍がハワイの真珠湾を攻撃して「大東亜戦争」を始める前年である。今は「太平洋戦争」と呼ぶのが一般化しているが、私は私の考えで当時のままの言い方をする。

当時すでにスターだった彼女は『秀子の応援団長』という野球映画を撮っている。対米英戦を始める前だから野球映画を作れたので、真珠湾攻撃以降は野球は敵国の競技だというので禁じられるのだが、それはともかく『秀子の…』の主題歌『燦（きら）めく星座』を歌ったのが、ハワイ生まれの日本人歌手・灰田勝彦だった。

もっとも彼がハワイ生まれと知ったのは敗戦後のことで、『燦めく…』の2年後に歌った『新雪』もヒットして流行っていたのを子供心に知ってはいたが、それよりなにより軍国少年として育てられた私にとって灰田勝彦といえば、なんと言っても『加藤隼（はやぶさ）戦闘隊の歌』（作詞・田中林平）だった。

当時の海軍にゼロ戦という戦闘機があれば、陸軍には隼という戦闘機があるということを知っているのは軍国少年にとってはジョウシキである。その隼を駆使した「昭和18年」、まさに「大東亜戦争」最中に、実在した部隊を讃えて作られた映画『加藤隼戦闘隊』の挿入歌として歌ったのが灰田勝彦。

当時は「国民学校」と改称していた小学校の音楽の時間といえば、いわゆる文部省唱歌を歌わせられたものだが、そこは戦争中、音楽教師も心得たもので最後にはピアノで『加藤隼戦闘隊の歌』のイントロを弾き始める。イントロだけでボクラ少国民にはわかるから歓声を上げて大声で歌ったし、むろん今でも歌える。

エンジンの音　轟々と／隼は征く　雲の果て／翼に輝く　日の丸と／
胸に描きし　赤鷲の／印は我等が　戦闘機

……こういう歌の歴史を歌謡界の大御所たちはいかにねじ曲げてきたかの例を挙げると、ある明治生まれの高名な作詞家が戦後半世紀経ったころ「ハワイ生まれの灰田勝彦は軍歌を歌わなかった」と書いているのを読んだ時に発見して唖然としたものだ。

もっとも「軍歌」と「軍国歌謡」を分ける考え方に従うと灰田が歌ったのは後者のほうだったというリクツも成り立つが、ボクラ小国民にそんな区別のあろうはずはない。

そしてボクラはともかく、灰田勝彦がどんな思いで「隼は征く」を歌っていたかを教えてくれたのが高峰秀子だった。

放送作家になって何十年か経って、放送局側にも私の意見が通るようになったころ、

ＮＨＫテレビの『ビッグショー』（後述）で灰田勝彦の回の台本を書くことになった。ワンマンショーが建前の45分番組だったが、一人で45分を持たせられる「ビッグ」がそうそういるわけではないので、一人か二人のゲストを招くのが通例だった。そして灰田の場合、事前の調べで『秀子の応援団長』関連で高峰秀子が最適のゲストだとわかって、ＮＨＫに交渉してもらった。とりあえず自宅へ来てくれという返事だという。そこでディレクターと二人出向いた。

「歌なら駄目よ」

いきなり彼女はそう言った。ＮＨＫといえども、つまりは歌番組だと知らされていたので、ゲストとして『銀座カンカン娘』を歌わされるものだと思い込み、それで断るつもりで私たちを呼んだのだろう。

そうではないと私は言い、灰田勝彦の歌手ではない部分、イマ風に言えば「素顔」について話してもらいたいのだという旨を話すと、それならとＯＫしてくれた。

そして本番当日、予想外のことが起こった。

灰田と、それこそ何年、何十年かぶりで会った彼女はムカシを思い出したのだろう、ムカシ「日劇」のステージで一緒に出た時の歌を歌いたいと言い出したのだ。灰田に異論のあろうはずはないが、いきなり言われてもスタッフ側としては困る。そもそもの歌はヒット曲でもなんでもない、二人だけしか知らない歌なのだ。それでも番組的には願ってもない場面が撮れる。そこで急遽(きゅうきょ)バンドリーダーを口説いて、単楽器だけで伴奏してもらうことにして、本番時にはなんとか二人の歌が成立できた。

しかしここで言いたいのはそのことではない。歌う前のトークで彼女は彼に、こういう意味のことを話しかけたのだ。

「あなたも戦争中はハワイに生まれたばっかりに苦労したわねえ、歌いたくもない軍歌なんか歌わされて……、ところがその歌がヒットしちゃうんだから、灰田勝彦ってやっぱりスゴイ歌手なのよ」

この言葉は本番時にしか言わなかった。

舞台袖で聞いていた私には、それが「隼」の歌のことだと瞬時にわかったし、もしかしたら歌っていた本人は言いたくなかったことかもしれないことを、観客の前で堂々と言ってのけた彼女の勇気（？）に感動した。だから今でも憶えているのだ。

あとでわかったことだが『キネマ旬報増刊12・31号日本映画俳優全集女優編』（キネマ旬報社）に二人の高峰の名前は当然載っているが、日本の『ポピュラー音楽人名事典』（日外アソシエーツ）に三枝子の名前はあっても秀子の名前はない。

こんなところにも二人の生き方の違いが現れていると、今にして思う。

アイドルたちの話

私が初めてアイドルという言葉を知ったのは、小泉今日子の『なんてったってアイドル』という歌を耳にした時だった。彼女は1982（昭和57）年にレコードデビューしているから、それから間もないころではなかったか、自宅ではないどこかで耳にした。

それまでにもアイドル的存在はいたが、彼ら彼女らとアイドルだと思って付き合ったことはなかった。私にとってはあくまでもテレビ出演者だった。しかし現在70歳近い男性にも、若いころアイドルの「追っかけ」をやっていたと公言している人物がいるのを知って、彼ら彼女らとの関わりを話しておく気になった。彼ら彼女らはそれほどまでに、今のオッサンやオジンに影響を与えていたのかと思うからだ。

『歌え！ヤンヤン!!』と私

テレビ東京は開局したころ「東京12チャンネル」と称していた。その開局時にスタジオ番組を書いていた。ある時、ディレクターの一人から電話がかかってきた。

「フォーリーブスって知ってるか」

「名前だけなら聞いたことはある」

「実は彼らの『歌え！ヤンヤン!!』という番組を公開録画で始めてるんだが、観客の歓声がうるさくて番組にならないんだ。なんとかいい方法を考えてもらえないか」

現在もそうだが同局は局舎内に、うるさいほどの観客を収容できる広さのスタジオは持っていない。だからどこかの会場なりホールなりを借りて収録していたのだろう。場所は憶えていないが、早速その会場へ観に行った。

フォーリーブスのメンバー4人、江木俊夫、おりも政夫、青山孝史、北公次。

彼らが登場するだけでワーキャーと、いやもう若い女性客のうるさいこと！今でこそアイドルファンも歌になると手拍子を取ったりペンライトを振ったりと、いわばテレビ慣れしている時代だが、当時のファンは何もかも見境がなかった。歓声で歌もろくに聞こえない状態では、収録前にスタッフが出て歌の時は静かにとお願いしても無駄だと、私にも見当はついた。

それで収録後、近くの喫茶店での打ち合わせで私はこんな提案をした。

「あの観客を黙らせるには、フォーリーブス自身が本番中にお願いをするほかはないだろう。それも歌の前ではなくコントか何かをやって、これからこういうことをやるから、歌の時も静かにしてほしいというようなことを言ってみたらどうだろう」

とにかくやってみようということで、私は彼ら用のコントを考えた台本を書いた。

結果は失敗。コントの間は静かにしてくれていたが、静かすぎてまったく無反応。つまり私には彼らのファンから笑いを取る才能はなかったのだ。同じ笑いを取るにしても作者と出演者には相性というものがあることは、その後もいやというほど体験するから、体裁よく言えば彼らと私は相性が悪かったということになる。

それからすぐに『歌え！ヤンヤン!!』はスタジオ制作になって、タイトルも『ヤンヤン歌うスタジオ』になった。言い遅れたが「ヤンヤン」とはヤングヤングの略称のつもりだったらしい。

この番組で収穫があったとすれば、ジャニー喜多川という人物の存在を知ったことだ。芸能界では今を時めく「ジャニーズ王国」の王様だが、当時からテレビには一度も顔を出したことがないのでも有名な人物。ましてフォーリーブス全盛のころは、その後ろに王様がいるなんて誰も知らない。私も打ち合わせの時に、その名前を初めて聞いて知ったのだが、今や王様にふさわしくさまざまなジャニー伝説があるようだ。

私が聞いたのは、そもそもは進駐軍（在日米軍）の通訳だったのだが、日本の芸能人が慰問に来る時にも通訳しているうちに芸能界に興味を持ち、それで通訳からプロダクション経営に転向し、そこで手掛けたグループがフォーリーブスというものだった。

実は私は4人の中で江木俊夫だけは、その名を子役時代から知っていた。だからジャニー氏も少年の彼が歌いたがっているのを知って、それで江木を中心に無名の三人を集めたのかもしれないと思っていたが、そもそもは体操上手の北公次を知っていて彼を中心に集めたという説もあるそうだ。

ジャニー氏という存在は知ったものの会うことはなかったが、前述したＮＨＫのテレビディレクター・末盛憲彦氏が急死して葬儀に参列した時、「あれがジャニー氏」と教えられた。帰途、葬儀場の出口でたまたま一緒になったので、自己紹介した。

すると氏は「ああ、末盛さんの代筆をしてた人ね」、それだけ言うとサッと背を向けて去っていった。「いや、末盛さんの代筆はしたことがない、永さんならあるけど」などと返す暇もなかった。余程顔見世の嫌いな王様だなと思ったものだった。

キャンディーズと私

スーチャンこと田中好子、ランチャンこと伊藤蘭、ミキチャンこと藤村美樹の三人。

私が彼女たちを知ったのは前述の『全員集合』時代だが、そもそもは三人とも中学時代から「スクールメイツ」（前述）の同期生だったらしい。歌手として独立すべく1972（昭和47）年、16歳で「キャンディーズ」を結成、翌年デビュー。そして『全員集合』にも歌手として参加したらしい。

確かに彼女たちは歌っていたが、もう一つパッとせず、仲本工事がリードしていた体操コントの要員で、可愛く失敗しては笑いを取っていた印象が強い。但し『年下の男の子』を歌うまでは。

『全員集合』で初めて『年下の…』を歌った時、スタッフの誰もが言ったものだ、「これは売れるな」と。

果たしてまさにアイドルとして人気爆発、『全員集合』から離れて『春一番』だの『微笑がえし』などのヒット曲を連発。しかし1978（昭和53）年、「普通の女の子に戻りたい」という、当時有名になった台詞を残して解散した。

私の個人的な関わりは『年下の…』が売れてからキャンディーズがラジオ番組も持つようになり、その台本を書いたことだ。『全員集合』時に見て知っていた三人それぞれの個性を生かして、それなりの台本は書けていたつもりだが、ある時、仕事上の後輩に当たる若手男性から「キャンディーズのラジオを書かせてもらえないか」と頼まれ、私も忙しい時期だったので、そんなに書きたいのならと譲った。個人的に頼まれ、個人的に譲ったのは、この時だけだ。番組は出演者解散とともに終わっただろうが若手の書き手がどうなったかは知らない。

解散後の田中好子と伊藤蘭はテレビ女優として活躍しているらしいが、私は知らない。ランチャンが今はドラマ『相棒』で名高い俳優・水谷豊の夫人に納まっていることも知らなかった。彼女のファンだった私の息子（57歳）は当然知っていて、そのことは「有名だよ」と言った。

もう一人、スーチャンのファンだった60代のオジサンが身近にいる。時折行く眼科医で、月に一度患者相手に出している自分通信のような新聞に「スーチャンの追っかけだった」と書いていたくらいだから、確かめたことはないが現在の彼女の去就も当然知っているだろう。

残念ながらミキチャンのファンは見つからなかった。

中三トリオと私

山口百恵、桜田淳子、森昌子。

トリオとして付き合ったことはない。それぞれが独立してテレビ番組に出るようになってから、それぞれと付き合っている。と言ってもＮＨＫの『ビッグショー』で一度だけだし、台本も残していないので、どんなショーに仕立て上げたのかは記憶にない。

しかし面白いもので、取材のために会った時のことは憶えている。会った場所もそれぞれに違うが、共通しているのは私の聞こうとしている狙いがわかると、こちらが余計なことを言わなくても、自ら自分を語ってくれたことだ。その感受性のよさも彼女たちを芸能界で成功させた要因の一つだろう。

百恵チャンは、実に冷静に、自分から見た自分の歴史を語ってくれた。

淳子チャンは、意外にもリクツ屋サンだった。だからのちに彼女がある宗教の信者に

森昌子とのランスルーでの1コマ

なったという噂を聞いた時も、私なりに納得したものだ。
昌子チャンは20代に『ビッグショー』に出演して以来身近にいる。というのはアノ番組で呼んだゲストが来る前のリハーサル時に、ゲストに代わって私が台本を持って見ながら彼女の相手をしている2ショット写真を、プロのスチール・カメラマンが知らない間に撮ってくれていた、その写真を引き伸ばして居間に今も飾ってあるからだ。わが放送作家史の中でステージ上での出演者との2ショット写真はこれしかない、まさに記念写真。
そんな縁もあって2017（平成29）年3月3日、『せんせい』でデビューしてから45周年記念コンサートを最寄りの大田区民ホールで開くと知って夫婦で観に行った。妻も2ショット写真を私と一緒に見続けてきたからだ。
失礼ながら58歳とは思えぬ若さ、変わらぬ歌のうまさ。縁とは関係なく夫婦ともども感動した。しかもお笑い芸人と二人でコントを演じ、離婚体験までネタにして観客の笑いを取る巧みさは、若いころにはなかったものだ。

現在の彼女を「トーク番組ではじけている」と書いている人がいたが、私によれば、こういう天賦(てんぷ)の才に恵まれた現役歌手を「現役」扱いできないところにイマのテレビ芸能のツマラナサがあると思っている。

歌う映画俳優の話

今は信じ難いことだが、昔の映画界にはスターのテレビ出演を禁じていた時代があった。ということは今ほどテレビが普及する以前、テレビを「電気紙芝居」と言って軽蔑している映画人が多かった時代にも、スターをうっかりテレビ出演させると彼らの人気をテレビに取られて映画界を衰亡させると憂えていた人たちがいたとも考えられる。

ともあれ今は映画界という呼び名も死語になったと言えるほど、映像の世界は多種多様化している。

このコーナーで紹介するのは、いずれも映画スターだった人たちだ。しかし映画人ではない私は映画スタジオで付き合ったわけではない。共通しているのは彼らの歌っていた歌を通じて知ったということだ。俳優としての演技もでき、歌も歌え、ということを考えると、彼らは今風にエンターテイナーと呼ぶこともできるが、私の場合、彼らと初めて会う時は「歌う映画俳優」として会ったので、そのような見出しにした。

加山雄三と私

イマもテレビのBSで自分の番組を持っていて、2017（平成29）年4月には80歳の記念コンサートを開いた彼こそエンターテイナーの名にふさわしいと思うが、実を言うと彼と初めて会った時の印象はまったく忘れている。その理由を説明するには、なぜ彼と会うことになったのかという経緯から説明しなければならない。

1970年代のある時、親しくしているNHKのディレクターから連絡があって、頼みたいことがあるので拙宅まで訪ねたいと言う。どんな用件にしろそんなことを言ってきたのは彼一人だ。むろん大歓迎した。用件とはこういうことだった。

「知っての通り『ビッグショー』とはビッグな歌手に登場してもらうショーという意味で名付けられた番組だ。そこであなたにも2回ほど書いてもらったことがあるが、幸い好評で続けることになっている。ところが困ったことにビッグと呼べる歌手がそうそういるわけじゃない。そこで今度試みに加山雄三を採り上げることにした。映画の若大将シリーズも終わって、今は逆に借金問題とかで人気も落ち目。歌といえば『君といつまでも』と『お嫁においで』の二つしかない。それでも自分としてはなんとか『ビッグショー』として成立させなければならないことになったので、嫌でも知恵を貸してほしい」

確かに、それまで私が依頼されたビッグな歌手に比べると、その時点での加山はミドルクラスだった。しかも私の加山に関する知識は、ディレクターが例に挙げた2曲と上原謙の息子というくらいで、若大将映画も1本観たことがあるくらい。あとで調べると同シリーズはちょうど1971年で終わっていることがわかるのだが、とりあえずその時は、どうすれば加山を主役にしたショー番組ができるかを考えるためにも、とにかく加山と会わしてくれと答えた。ディレクターが断るはずはない。早速彼と二人加山宅を訪ねた。

驚いたのは若大将で名を上げたスターなのに、見るからに質素な家で暮らしていることだった。それでも私たちを招き入れた上り框（かまち）のある部屋にアップライト（縦型）のピアノが置いてあったので余程の音楽好きとわかった。元女優の夫人が痛々しいほど気を使ってくれた。この夫人の前では余り立ち入ったことは聞けないと思いながら、それでもその時点での加山の夢が父・上原謙のためにピアノコンチェルトを作曲すること、しかしその父は再婚していてその相手は義理にせよ母とは呼びたくないこと、自分の母はあくまでも実母の元女優・小桜葉子ただ一人だと思っていることなどまでは聞き出した。それでも私にはよくわからない部分が残ったので我がままを言い、加山の生家、つまり湘南にある上原謙宅を訪ねたり、その時会えなかった上原に六本木の喫茶店で会ったりした。

今でも記憶に残っているのは上原が二度目の妻を同行し、加山の少年時の話を聞こうとする私を遮るように、その妻のことばかり話していたことだ。多分その時私は、上原・加山の親子を繋ぐのは今はピアノコンチェルトしかないということを思いついていた。

もう一カ所訪ねたところがあるが、それはもういいだろう。

そんな手順を踏んで私の考えた加山の『ビッグショー』は次のような構成になった。

まずソノ番組には決まった司会者、というか仕切り役はいないので、加山自身が仕切ることも可能だったが、私の見るところその任ではないのと、すでに若大将を卒業している彼を若い世代から見るとどう見えるかという視点で進めたかったので、ディレクターとも相談して、当時そこそこ売れていた若いキャロライン洋子というタレントを選び、彼女の視点から加山にいろいろ質問しながらショーを進めるという方法を取った。

まず加山が、誰もが知っているヒット曲『君といつまでも』（作詞・岩谷時子）を歌うところから始める。「しあわせだなぁ…、ぼくは君といる時が一番しあわせなんだ」という台詞はカメラ、つまり視聴者に向かって言ってもらう。歌い終わると仕切り役が彼の側に入ってきて自己紹介、『君と…』の作曲者・弾厚作とは加山自身のことだそうだが本当かというようなことから彼がいかに音楽好きかということを引き出し、ピアノだけではなく三味線も弾けることがわかって、邦楽ではなく彼の好きな洋楽を1曲弾いてもらう。

というような段取りで進行し、加山雄三といえばなんといっても若大将映画ということから共演俳優・田中邦衛に登場してもらい当時の思い出話を。そして本番時には最後はこの方に会ってほしいとドッキリで上原謙に登場してもらった。理由はもちろん父のためにピアノコンチェルトを弾いてもらうため。

こういう場合加山には事前に次のように依頼してある。

父に捧げるコンチェルトを番組のハイライトにしたいので、本番時にはピアノを用意しておくからぜひ作曲しておいてほしいと。一方上原にもドッキリで登場してもらうことは

加山雄三と筆者

話してあるが、息子が彼のためにコンチェルトを作曲していることは内緒にしてあった。

こういうドッキリの方法はイマは珍しくないが、当時としてはまさに賭け。二人の関係は現実にはギクシャクしているからこそ、二人のドッキリ・コンチェルトは感動的になるだろうというのがこっちの計算だったが、両者の反応を見る限り計算通りにいったと言っていいだろう。

この時の『ビッグショー』はまだスタジオ制作で、当時のビッグ歌手といえば三波春夫とか村田英雄とか、歌謡曲歌手が中心だったが、手前みそを承知で言うが加山の回がうまくいったので出演者の幅が広がり、やがてＮＨＫホールでの公開録画番組になる。

ホールは数年前にステージを改装したりして観客の定員数が少し減ったそうだがそれでも３６００人、１９７３（昭和48）年の新築時には３８００人だったという大ホール。

いかに無料の公開番組でもガラガラでは困るから、逆に出演者が限られてくる。このホールと私との関係は別記するが、『ビッグショー』がホールに移ってからしばらくは加山の名前が挙がることはなかった。

しかしツイテル男というのはいるものだ。ホールができて間もなくだったと思う、映画館の中に封切り映画の上映が終わったあと、深夜映画と称して旧作を何本か徹夜で上映する館が現れ、若大将シリーズもそこで連続上映された。するとこれが当時の若者にも評判になり、新聞ダネになるほどだった。出演者難の『ビッグショー』が「若大将ブーム再び」を見逃すはずはない。再び私に声がかかった、「ホール版加山ショーを」と。しかし上原を呼ぶコンチェルト・ネタはもう使えない。

残念ながらこの時の台本は見当たらないので記憶に頼るしかないが、加山にはピアノの代わりにギターを持たせ、ショーの仕切りも自分でやるように作るからと伝え、但し歌の相手役も兼ねた若い女性歌手として当時人気のアン・ルイスと、観客の笑いを取るために若大将の父親役だった喜劇も得意な俳優、私にとっては旧知の有島一郎を呼ぶからと伝えた。今度はドッキリにする必要はない。むしろ加山にも有島で笑わせる手口を稽古時から知ってもらい、笑い作りに協力してもらう必要がある。

例えば有島に登場してもらって二人で若大将話をしてから、加山が有島に父親なのだから一段高いところで見ていてほしいと言って裏方に合図をすると、有島のいた場所が実はステージ中央にある小さなセリ舞台になっていて、上に上がるはずが上がらず、逆に下に降りて消えてしまうというシーンを作った。

本番時、計算通り観客は笑ってくれたが、そういう時に加山はどういうリアクションを見せるかもリハーサル時に計算しておかねばならないことだった。

ホールの開幕前に時間を戻す。ショー番組の場合、幕は開けたまま本番開始という方法もあるが、私は普通の劇場公演と同じように幕は下ろしたまま番組を始めたかった（その理由についても後述）。そこで本番開始5分前に一度ベル（イチベルと言う）を鳴らしてから場内アナウンスで観客に本番中の注意事項をお願いして、そして本番のベル（ホンベル）を鳴らして開幕という趣向。その間私は客席を、1階だけではなく2階も観に行ったり廊下をウロウロしたりしていたが、ホンベル時には舞台袖に戻っていた。客席は満席でざわついていた。

そしてホンベル。客席は静まる。加山は幕の内側、ステージ中央にスタンバイ。開幕音楽とともに幕が上がった時のウォーという歓声は今も耳によみがえる。この種の公開ショー番組ではイマは女性客が多いから黄色い声とも言えるが、この時は明らかに男性客の大音声。舞台袖にいた私も圧倒されたものだった。

ショーは成功した。加山が最後の歌を歌って一礼後退場しても拍手が鳴り止まない。幕を下ろそうにも下ろせない。

これが普通の劇場公演ならあらかじめアンコール曲を用意しておくものだが、これはテレビ番組。しかし加山ブームがここまで激しく再燃しているのを読めなかったのは私たち裏方のミスだった。

退場してきた加山は袖にいた私に言った。

「どうしましょう」

私は答えた。

「どうもこうもないでしょう、もう一度アレを歌わないと収まりませんよ」

再び現れた加山に大歓声、大拍手。彼は一言礼を言ってから舞台上の、番組のために特別に編成したオーケストラの指揮者に依頼する、もう一度『君といつまでも』。

この時の、幕を下ろすのに苦労したほどの成功が、加山に歌手としての自信を与えたことは確かだろうが、NHKそのものにも影響を与えた。番組としての『ビッグショー』が終わったあと、私も関わったショー番組が二つあってから、なんと『加山雄三ショー』という番組が誕生したのだ。

その番組はすべて私が書いたので何冊か印刷台本を残してあるが、その表紙には生放送は別として、録画番組には通常「収録日」と「放送日」が記されているものだ。ところが『加山雄三ショー』の1冊目には「収録　昭和61年3月10日」とあるが「放送」は「昭和61年」とあるだけで、「月」「日」は空欄のままである。しかし放送の曜日と時間は記されている。ということは、これも通常新番組は4月から始まるから、新番組開始は決まっていたが、それまでに何本か収録して、その中から出来のいいものを初回に放送するつもりだったとわかる。

更にこまかくなって恐縮だが、この台本の表紙をめくると〈はじめに〉と題して私の書いた次のような文章が載っている。

若大将加山雄三がデビュー以来、四半世紀となります。かつて青春の象徴であった彼はその永遠の若さに更に成熟した安定感を身につけ、ますます大きな人気を集めています。そのショーマンとしての円熟した芸風、健康的な好奇心、幅広い教養は、広く他方面から一流のゲストを招いて構成する人間バラエティ・ショーのパーソナリティとしてもっともふさわしいといえます。

この番組はその加山雄三が日本を代表する各界の第一人者をゲストに迎え、その卓越した芸と豊かな個性を披露していただき、その圧倒的な魅力を十分堪能し、加山雄三の口癖で言えば「コリャ、スゲーヤ！」と、その感動を視聴者と分かち合う新しい公開ステージショーをめざすものです。

目指してはいるがこの段階での収録はスタジオで、前にも記したNHKで一番広い101スタジオにステージと観客席を作っての公開録画。

ゲストは当時の人気俳優・藤田まことで、生まれは東京だがテレビ的には関西局制作の『てなもんや三度笠』の主役で有名になったことから、サブタイトルに、東の若大将に対してという意味で「西の大将が来た」という仮題をつけている。

更に台本の冒頭部分だけ紹介しておこう。

ショーの開幕をうながす華麗な音楽とともに『加山雄三ショー』のタイトル。

ステージセンターの加山が「こんばんは。今というかけがえのないこの時を、すばらしいゲストとともにお楽しみいただこうという加山雄三ショー、今日のゲストはこの方です」と言うと『君といつまでも』のイントロが流れる。するとステージ上のバンドの中にいた藤田にピンスポットが当たって、彼が「ふたりを夕やみが……」と歌いながらセンターへ来る。そこに加山も和して……というところから始まる。

二人でワンコーラス歌い終わり、加山が「いやあ参りました」と言うと、藤田が「や、こちらこそ、いきなり失礼しました。ただ前から一度この歌を歌いとうて……」と、以下主に関西弁で応対する会話の台詞を書いている。これもあとで詳述するが私は大阪生まれなので関西弁はおてのもの、だから試作段階で藤田をゲストに招いたのかも？

試作とは言っても藤田ほどの大物ゲストを呼んでおいてオクラにするなんてあり得ない。いずれ放送日が確定したはずだが、その日までは記憶にない。ついでに手元にある複数回の台本のゲストを紹介しておこう。

布施明、桂枝雀、沢田研二、吉幾三、中村雅俊、研ナオコ、高橋真梨子、鳳蘭、芦屋雁之助、ちあきなおみ、柳ジョージ、内藤やす子、京唄子、ハイ・ファイ・セット。

収録場所はＮＨＫホールを中心に各地の会場、ちあきの回だけはなぜか観客を入れない１０１スタジオから。加山に冒頭で「今夜は趣をかえてスタジオから」と言わせている。

ちなみにそのちあきの回は「昭和63年6月18日」に収録して同年「7月30日」に放送している。

最終回がいつだったかは記録していないが、番組とは関係なく、すでに映画俳優ではなくなっている80歳の彼が歌手として現役でいられるのは、むろん「健康寿命」を永らえる努力をしている彼自身の体力と音楽的才能によるけれども、私の知る限りＮＨＫテレビのショー番組で、業界では「冠番組（かんむり）」という個人名をかぶせたのは『加山雄三ショー』だけである。コリャ、スゲーコトダゼ！

石原裕次郎と私

１９８７（昭和62）年に50代前半で亡くなっている人だが、その人気のほどは兄の慎太郎が１９９９（平成11）年に東京都知事選に出馬した時、その立候補補演説で選挙カーから「裕次郎の兄です」と宣伝したという伝説が物語っているだろう。兄の小説『太陽の季節』が芥川賞を受賞して映画化された時、俳優としてデビューしたことになっているが、実はヨットのシーンにチョイ役で出ただけで、そのチョイに目をつけたプロデューサーが次作で彼を主役に抜擢して大成功したというのも知られたエピソードだ。

そういう私も裕次郎映画は『太陽の季節』のチョイしか観たことがない。だから映画俳優としての魅力を語る資格はないが、彼が１９６７（昭和42）年に歌った『夜霧よ今夜もありがとう』だけは知っていた。だから正確には歌手としての彼しか語れない。

その裕次郎を、ホールに移ってからの『ビッグショー』で採り上げることになった。

しかし出演はするが観客前では嫌だという、理由は歌詞も台詞も憶えないから。そして事前の打ち合わせも自宅ではなく映画の撮影所まで来いという。行くと所内の部屋ではなくロケーション用のバス、通称ロケバスの中に彼はいた。

時間にも限りがあった。本当はジャズが好きということがわかったくらいで、私としては打ち合わせにならない。つまりこれでは番組にならないと考えた結果、夫人の元女優・北原三枝さんを自宅に訪ねたいと思い、彼女の了解を得てもらった。

夫人は彼女から見た夫についていろいろ話してくれた。その中で私にとってはとても重要なことを話してくれた。彼女の前で初めて夫が泣いたという話だ。

それは結婚して3年後、映画会社から独立して石原プロを設立しようとした時のこと。独立するには資金がいる。そこで銀行から借りようとした。本人は石原裕次郎という名前で貸してくれるものだと思っていたのに銀行では断られたと、その日帰ってきてから彼女の前で話しながら泣いたという。裕次郎と付き合い始めてから初めて見た、演技ではない夫の涙。それを彼女はさらりと話したが、番組的にはさらりで済む話ではない。しかし夫人はテレビに出るのは嫌だという。

そこで考えた方法は声のドッキリ。つまり台本上は「ここで夫人の声」とだけ書いておいて、その内容については本番時まで伏せておくというやり方。それならと夫人も了解してくれたので、改めて録音機を持ってくるからということでその場は辞した。

夫人の話を基に視聴者にも事情がわかるように、そして夫人が初めて見た涙のくだりが夫の心にも効果的に伝わるように考えた、語り用の生原稿を用意して後日録音機とともに持参、夫人の了解を得て録音した。その生原稿はむろん、台本も放送時の録画記録も残っておらず、これを書きながらも残念な思いがよみがえってくる。夫人の語りかけ方は元女優だけあって見事だったが、聞かされているほうはサスガ天下の裕次郎と言うべきか、それとも私が彼の心を読めなかったのか、夫人の声を聞きながら彼は期待したほどの反応を見せてくれなかったような記憶がある。

だからこれ以上裕次郎に時間を取られたくない。放送作家の勝手なところだ。

小林旭・鶴田浩二と私

二人とも『ビッグショー』での付き合いだが台本はないし記憶もほとんど残っていない。僅かに残っていることだけを書いておく。なにしろイマは旭をアキラと読める人も少なくなっているし、鶴田浩二の名前すら知らないオジサンたちもいる時代でもあるし……。

アキラ（と私たちは呼んでいた）と初めて会ったのは、彼が住む家近くの駅前喫茶店。彼は簡単に曲目を決めるくらいのつもりでいたらしいが、そうではないことがわかると「では今度は自宅で」ということになって、その「今度」にはディレクターは来ず、なぜか私だけが訪ねている。例によっていろいろ立ち入って尋ねたはずだが、記憶に残っているのは映画俳優としての仕事がなくなった時、歌手として営業するだけのコンサートを開くことができたことを語った時、「歌があって助かった」としみじみ言ったことだ。ちなみにアキラのヒット曲といえば『昔の名前で出ています』、１９８６（昭和61）年には『熱き心に』のヒットでＮＨＫ紅白歌合戦にも出ている。

鶴田浩二は紅白には出ていない代わりに、彼の『ビッグショー』はＶＨＳになって市販されたので所持している。放送日は１９７７（昭和52）年1月9日、ここでは曲目だけを書いておく。

『傷だらけの人生』『好きだった』『街のサンドイッチマン』『赤と黒のブルース』『飛車角の詩』『男の夜曲』『ダンチョネ節』『浜千鳥』、そして『ビッグショー』のために特に新たに作ってもらった「歌謡組曲」と名付けた『名もない男の詩』。

ちなみに作詞は宮川哲夫、井田誠一、吉田正のお三方、作曲は吉田正。そして吉田氏には出演もしてもらっている。むろん「歌謡組曲」について話してもらうために。

「名もない男の名もない詩を／巷の風が歌ってる」で始まるその長い組曲には、こんな台詞部分もある。

「所詮人間は一人ぼっちなんだ、生まれて来る時も、死んで行く時も。でも俺は希望を捨てない、そう思って一生懸命、生きて来たその歓びを力いっぱい謳いたい、俺の心にともった灯りはどんなことがあっても消すことはできない、いや絶対に消える筈はないんだ」

勝新太郎・渡哲也と私

探していると勝新太郎と渡哲也の『ビッグショー』の印刷台本が出てきた。

前者は1978（昭和53）年3月12日放送、15日に再放送。

後者は1978（昭和53）年4月11日放送、12日再放送。

前者はNHKホールで録画しているが、後者は101スタジオで録画。

この台本を見つけるまで、何年か続いた同番組の前半は101スタジオで撮ったが、後半はすべてNHKホールだと思い込んでいた。そんな思い込みの間違いだけではなく記憶にない番組の台本が出てきた時は「へえー、オレはこんな番組もやっていたのか」と驚くこともあった。自分で言うのもなんだが本当に無数の番組を書いてきたので、記憶違いはご容赦いただきたい。

さて台本によると勝新太郎の回はサブタイトル「たまには歌う夜もある」。ゲストに研ナオコを迎え、オープニング音楽とともに幕が開くとステージは暗く、風と尺八の音が流れる中、勝登場。そして『座頭市子守唄』を歌い終わると、こんな台詞を言う。

「今晩は、勝新太郎です。どうもこういうところで歌うのは慣れないもんで、誰か、若い、きれいな女性にでも手伝ってもらうとやりいいだろうと思いまして募集しましたところ、どうしても私がやりたいと、こういう人が来てくれました。ご紹介します、研ナオコさんです」

そして登場した彼女は観客に向かってこう言う。

「今晩は、研ナオコです。実は勝さんには前からお目にかかりたくてウズウズしておりましたところ、この度のお話を伺いまして、若くてきれいな女性といえば私しかいないと張り切って出て参りました。どうぞよろしくお願いします」

ここで観客から爆笑と拍手がきたことは、当時の彼女を知る人ならわかるだろう。

この時の彼女はいろいろな飲み物やグラスを載せたワゴンを押して出てくるなど、ショーとしてのさまざまな仕掛けがあるのだが、あとは省略。

101スタジオの場合は広いので、スタジオ内にステージ観客席を作ったりする場合もあるが、サブタイトルを「おれには苦手な歌だけど…」とした渡の回はスタジオにはオーケストラ、コーラスとゲストの西川きよしだけ。従って彼らは二人のヤリトリ以外は観客の代わりにカメラに向かって話しかけるという、イマではよくあるスタイルを採っているが、これも省略。

但し自信を持って言えるのは、研といい西川といい、笑いの取れるゲストを呼んでいるのは間違いなく私のアイディアによるものだということだ。

もっとも勝の場合、小さいころから三味線をやっていたが長唄とは違う魅力のあるジャズも歌えることがわかったのは、彼との打ち合わせのおかげである。

ドキュメンタリーの話

ドキュメントとドキュメンタリーはどう違うのか。手元の英和辞典によると「ト」は書類、記録、文書とあり、「タリー」にはそれぞれに「の」がつく形容詞とあるほかに、名詞として「記録映画、ラジオ、テレビの記録もの」とあるので「タリー」にした。

そして「タリー」といえばテレビマンの書いた『ドキュメンタリーは嘘をつく』(草思社)という仲間内では知られた本がある。確かに私の関わった番組でも、捏造とは言えないまでも番組にするために特に仕掛けたことはある。

しかしそう言ってしまえばテレビ番組はニュースといえどもどういう映像を使うかという段階で編集という作為が働いているわけだし、それ以前に数ある事実映像の中からどれをニュースとして採り上げるかという段階で、すでに番組制作者の意志が働いている。

特に政治がらみの問題を扱う時に、放送というメディアがヤヤコシイ問題を抱えているのは、「タリー」に限らず娯楽番組でも同様だということを体験談として前述したつもりだが、今まで書いてきたのは娯楽番組ばかり。今はナンパといえば男女関係のことだけに使われているコトバのようだが、番組にも軟派と硬派があり、私には硬派体験もあることを知ってもらうために、あえて「タリー」番組を採り上げることにした。

夫婦船（めおとせん）と私

その昔、日本テレビに『Ｔｉｍｅ21』というドキュメンタリー専門の定時番組があった。そのディレクターの一人が私にこういう話があるのだが……と持ちかけてきたのが「夫婦船」の話だった。

紀州と言っても三重県の漁港町に住む夫婦が、もう若くはないのに二人で船に乗って漁を続けているという。もし跡取り息子がいれば継がせたいところだが、いるのは三人の娘ばかりで、三人とも結婚して家を出てしまっている。漁を続けるために最近船を買い替えたので、その借金がまだ残っている。それを返すためにも海と年齢と戦いながら休みなしに漁を続けているという、その暮らしぶりをカメラで追ってみないかという話だ。興味を持った私は、例によってまず夫婦に会うべく、海山（みやま）町という漁港のある町を訪ねた。

夫婦に会えたのは港に係留されている船の上だった。訪ねた理由を話すと「それならこれから漁に出るので一緒にどうか」と言う。私は小船には酔うたちなので勘弁願って、2、3日はかかるという漁からの帰りを待つことにした。その間に周辺取材もできるというものだ。

娘の一人は夫婦の近くに住んでいたし、漁師仲間でも夫婦で船に乗っているのはその二人だけなので、だから二人の船を「めおとせん」と呼んでいるのだと知った。

今のように携帯電話などない時代の話だ。私たちの泊まっている宿に、やっと夫婦から連絡があって、二人の家を訪ねた。そして夫婦にとって最大の悩みは漁師としての後継ぎのいないことだと知った。

「せめて息子の一人もいてくれたらなぁ」

いかにも心底からの嘆きを聞いた時、思い浮かんだのは近くに住んでいる娘のことだったが、そのことは話さなかった。その場では「お二人のことは番組にさせてもらいたいと思うので、いずれカメラマンを連れてくるのでよろしく」と頼んで辞した。

それからディレクターに私のアイディアを話して了解を得、私たちは近くに住んでいる娘に、夫と一緒にいる時に会いたいとだけ頼んでおいた。

そして娘夫婦に会った時、私の口からご両親の心情を伝え、夫君があとを継いで漁師になると言ったらどんなにお喜びになるだろうという話をした。娘はそんなことを考えないでもなかったが、自分の口からは夫には話せなかったと言い、夫は考えたこともなかったが考えてみると言い、少し時間が欲しいと言った。私は答えた。

「ごもっともだが、私たちが東京へ帰ってからあなたにノーと言われたのでは、何のためにここまで来たのかわからない。せめて今夜一晩というわけにはいかないだろうか」

幸いなことに娘が助け舟を出してくれた。

「テレビ屋さんが来ないと、こんな話も出なかったのよ。なんとかテレビ屋さんの言う通りになれない？」

もっと幸いなことに夫君の決断も早かった。

「これも何かの縁、漁師になりましょう」

すぐに両親に連絡するという娘を押し止めた。

「実はご両親の喜ぶ表情をカメラで撮りたいんです。だからこれも勝手ですが、すぐにカメラを用意しますので、それまで待ってください」

娘夫婦はわかってくれ、つまるところ「夫婦船」の話は、その感動的なドッキリ場面をクライマックスにすることで番組として成立した。

しかし危惧は残った。この番組を放送後、ほかに娘たちもいることだし漁師一族に何かトラブルが起きないかということだ。

放送後2、3日してからディレクターから連絡があった。

「あの番組を見た皆さんがヨカッタヨカッタと言ってくれたというので、親御さん夫婦の名前で皆さんにと礼品が送られてきたから、局まで取りに来てくれないか」

ヨカッタヨカッタと言いたいのは私のほうだ。

夫婦の漁船は「収漁丸」という。そこで本番時のタイトルは『夫婦船』に「収漁丸の四季」というサブタイトルをつけた。メデタシメデタシ。

ナガサキと私

テレビ朝日が日本教育テレビ、英訳した頭文字を取ってNETと言っていたころ、『アフタヌーン・ショー』という硬派のワイドショーがあった。私が関わったのはここに書く「ナガサキ」の回、1回だけだ。

番組ディレクターもその回のテーマによって変わっていたのだろう。ある時、旧知のディレクターD氏から連絡があって、その番組で「長崎の原爆問題」を採り上げたいので手伝ってほしいと言う。

「私はいわゆる社会派ではないのに、なぜ？」

「社会派でないからこそ頼みたい。とりあえず長崎へ行くので同行してほしい」

「原爆問題だけならわざわざ行かなくても」

「いや、被爆者に出演してもらいたいのだ。それが可能かどうか、自分も被爆者には会ったことがないし、その人たちの話も直接聞きたいし……」

D氏の気持ちはよくわかったが、私は長崎へは行ったことがない。だから原爆問題よりもまず長崎へ行けることを優先したと言わないとウソになる。しかし行くのは二人だけと知った時、ふだんは持ち歩かないスチールカメラを、なぜか持参することにした。自分には不案内な世界なので記念写真でも撮るつもりだったのかもしれない。

被爆者に会うにはいろいろ段取りが必要らしいので時間がかかるかもしれないというので、D氏は元遊郭を利用した安旅館を予約していた。

果たして被爆者に会うには被爆者団体を通したり、なぜ会うのかという理由を納得してもらうのに時間がかかったりで、大変だったようだ。

それでもやっと一人の女性に会えることになって、私たちは訪ねた。

番組の主旨説明等すべてD氏任せ。私にできることといったら写真を撮ることしかなかったが、彼女の顔に残されたケロイドを前にするとどうしてもカメラを向けられなかった。それほど傷痕がひどかった。

D氏の説明を聞き終わってから彼女は出演ノーと言った。当然だと思い辞して歩きながら、私はD氏に聞いた。

「プロならシャッター押してますかね」

「もちろん」

この一問一答は今も心に刺さっている。

手ぶらじゃ帰れないのでD氏は、もう一人の女性被爆者と会える約束を取り付けた。

訪ねてみると今度の人は横になっていた。被爆の跡が残っているのは脚だけと、説明されないと外観だけでは被爆者とはわからなかった。幸いD氏の説明を受け入れて、付き添い人等の彼女側の条件を呑めば東京へ来てくれるという。ありがたいことだと私は思った。

そして生本番の前日、飛行機で来た彼女を羽田まで迎えに行った。付き添い人に抱えられてタラップを降りてきた時は感動すら覚えた。

その番組で私の果たした役割は、ナガサキを扱うからといって深刻一辺倒にならないで、他の出演者全員がいかに暖かく彼女を迎えているかの雰囲気を作ることだった。D氏が私を「構成」に選んだ理由もそこにあるようだった。

多分私はD氏の期待に応えられたと思う。だから書いておく気になった。

原爆に関して言えば、仕事とは関係なくヒロシマへ行った時に訪ねた記念館で、被爆時、私と同じ旧制中学1年生だった少年が着ていたという制服が展示されているのを見た時の衝撃は、今も記憶にある。

そしてあの、ナガサキへ行った時の、D氏との一問一答を思い出すのだ。

ヒロシマへはカメラを持っていかなかったが、持っていっていたとしても、やはりシャッターは押せなかっただろう。

入江侍従長と私

D氏の場合は私を選んだ理由が納得できたが、別のテレビ局のディレクターE氏が、昭和天皇在世のころ、その侍従長だった入江相政（すけまさ）氏の主演番組の「構成」になぜ私を選んだのか、今になってもわからない。

つい主演と書いてしまったが入江氏に主役を演じてもらうわけではない。氏にはただスタジオへ来てもらうだけで、当方で用意した質問者にあるがままを答えてもらえばいいので、今風に言えば「トーク・ドキュメンタリー」ということになる。

しかし問題は、そんなジャンル分けよりも、まずどういう形にすれば入江氏にテレビに出てもらえるのか、その意向を知る必要があった。なにしろ天皇の超側近に出演交渉するなんて、放送作家としての私の中にはあり得ないことだった。

ところがE氏は出演交渉時から同行してくれと言う。もしかしたらE氏はそのためだけに私を選んだのかもしれない。

ともあれ私はE氏とともに初めて宮内庁の門をくぐった。

E氏はともかく私には宮内庁と聞くだけでオカタイという先入観があった。ところが入江氏に直接会ってみると、実に気さくな人なのだ。言ってみれば、なんでも聞いて、なんでもするよという雰囲気なのだ。

調子に乗った私たちが皇居内はどうなっているのか知りたいと言うと、なんと皇居内の絵地図まで取り出してくれた上に、番組で使ってもよいとおっしゃる。つまりその時はご当人は出る気満々に思えた。

「では今日伺ったお話を基に、どういう形の番組にするかを考えて書いたものを、次回お持ちしますので、再度お目にかからせてください」

快諾を得た私たちは、軽い足取りで宮内庁を出た。

それからいわゆる準備稿を書く私の仕事が始まった。なにしろ初めての体験なので時間がかかった。E氏は「あの調子なら、うまくいけば天皇だってゲストに招けるかもしれないぜ」なんてことを言い出すものだから、そんなことはあり得ないと思う一方で私も、ひょっとしたらひょっとするかもと思ったりするので準備稿はなかなかできなかった。宮内庁を訪ねてから数日経ってもまとまらない間に、思いも寄らなかったことが起こった。時の皇后が入院したのだ。

今思えば入江氏が皇后の病状を知らなかったはずはない。だから実情を悟られまいと意図的に明るく振る舞ったのかも……とも考えられる。

そんな忖度(そんたく)はともかく、宮内庁から入江氏はテレビ出演どころではなくなったと連絡があったとE氏からの連絡。皇居内の絵地図を使った準備稿は半分ほどできていた。

無念残念な話

前掲の話はいわば不可抗力で消えたので致し方のないことだが、決定稿も書き映像化もされていたのに無念残念な結果に終わった番組がある。

その理由は私の力不足によるものと、番組としては好評裏に成立していたのに、私には関係のないことで不幸な結果に終わったものとがある。

例えば手元に残してある私「構成」の印刷台本の一冊にTBS『テレビシティ特別企画・薬師丸ひろ子・セーラー服を脱いで』というのがある。表紙に制作年は記載されていないので不明だし思い出せないが「4月6日(水)午後9時〜10時24分」に放送されたことはわかる。『テレビシティ』が定時番組だったこと、そして薬師丸が人気を得た映画『セーラー服と機関銃』が終わってから「特別企画」されたことがわかる。

プロデューサーが旧知の人なので私を選んでくれたのだろう。初めて付き合うディレクターと一緒に薬師丸と会ったことは今も記憶にある。

しかし今台本を読み返すといかにも雑で、この企画は失敗だったのだろう。

プロデューサーとしてはこの「特別」がうまくいけば、薬師丸ひろ子を「冠」にした定時番組を作るつもりもあったのではないか。だとしたら、今頃謝っても大笑いされるだけだが、それでも私としては映画では成功した彼女をテレビでは生かし切れなかったことを恥じるほかはない。

もう一つ、これは恥ではなく、私に向いてなかった例を挙げよう。

『サザエさん』と私

フジテレビが開局（1959（昭和34）年3月）したころ最初に注文があったのは歌番組で、それまで台本を書いていたのが本職は劇場の演出家だった人で、そのせいかうまくいかないので援軍頼むというようなことだった。

そして初めて私の書いた生原稿を見たディレクターが「こんなに台詞を書き込んである台本は初めて見た」と驚いたのを今でも憶えている。それというのも「驚いた」ことに驚いた私は、そのナゼを知りたくてそれまでの台本を見せてもらうと、番組進行に関する部分だけは段取りの台詞が書いてあるけれども、歌手たちとのカラミなど肝腎な部分になると「よろしく」とだけ書いてあった。その種の台本を「ヨロシク台本」ということを知ったのはその時だったと思う。

この時代の台本はすべて縦書きだが、ネット時代の今は横書きになっている例を私も知っているし、縦書き時代とは違った意味でのヨロシク台本が増えていることも知っている。

それはともかく私の書いた歌番組はうまくいったのだろう、それから同局の他番組からの注文もあって、当時同局が行っていた今でいう「お笑いタレント」コンクールの審査員までやったことがある。

要は当時は同局からそれほど信頼されていたということを言いたいので、その流れで、かの有名な『サザエさん』を初めてテレビマンガ化（イマならアニメ化）する際にも私を台本作者群の一人に選んでくれたのだ。

「サザエさんはもちろん知っているけれども、原作のすべてを知ってるわけじゃないから、原作選びはそっちでしてほしい」と頼むと、「いや、原作にこだわる必要はない。登場人物さえサザエさん一家なら、あとはテレビ・オリジナルでいいという了解を取ってある」という返事。

そこで私のオリジナル「サザエさん」を何本か書いたが、確かそのうち1、2本が放送されただけで、以後はマンガだけではなく同局からのお声はかからなくなってしまった。

それで生活が困るわけではないし、書いているうちに「お笑い」は好きだけれどもテレビマンガのギャグ作りは私に向いてないなと思い始めていたので、クビになっても、負け惜しみではなく、痛痒(つうよう)は感じなかった。

もしあの時私の「サザエさん」が好評だったら専門のアニメ・ライターになっていたかもしれないと考えると、無念残念というよりむしろホッとしていると言うべきかも。

歌川広重と私

今度は別の意味での無念残念な話。

現在のようなBS時代が来る前に、NHKテレビだけが解像度のいいハイビジョン番組を持っていた時代があった。もっとも映像のコンピューター処理は従来のアナログ時代から始まっていて、コンピューターを採り入れるとどんなことができるのか、NHKへ教えてもらいに行った記憶がある。

そんな経緯があって、ハイビジョン番組がレギュラー化して間もなくのことだから1994（平成6）年ごろじゃないかと思う、NHKからこんな連絡があった。

「実はスイスで国際映像コンクールが行われていて毎年参加しているのだが、優秀賞までは取れるのだがグランプリ、大賞は取ったことがない。それで今度は国際的にも知られている日本文化の一つ、浮世絵を題材にした番組を作ればなんとかなるんじゃないかと考えた。そこで広重（ひろしげ）の東海道五十三次の画集を送るから、どういう処理をすればグランプリを取れるか考えてみてくれ」

そんなこと言われたって、そもそもそんなコンクールがあることだって知らないし、浮世絵鑑賞の趣味だってないし、私には任が重すぎると答えたが、とにかく画集だけでも見てくれということで広重の浮世絵画集が送られてきた。

眺めているうちに広重の描いた東海道は今どうなっているのだろうと思うようになり、広重の絵と、同じ場所の現在を重ねてみたら面白いかも……と思うようになった。

しかしそれだけなら在り来りだし、かといって俳優を使って旅させるのも月並みだし、などと考えているうちに思いついたのがコンピューターを使うことだった。

そこで打ち合わせの席でこんなことを言った。

「設定は男女の俳優二人を広重ファンに仕立てて、二人の会話の声だけで現在の東海道を旅させる。なぜ声だけか。番組の主人公はあくまでも広重の絵で、その絵を現在の風景と比較する際の処理はコンピューターにしてもらう。例えば広重の絵では活火山になっている絵の風景は今は休火山になっているところだ。そこで声の二人が現風景を見ながら、広重の時代はこの山、火を噴いていたというような会話を交わすと、休火山が活火山になり、それが広重の絵に重なるというような映像処理ができるのではないか。二人の声を英訳した台詞を外国人俳優に演じてもらうと、日本文化の奥深さを映像化して外国人にも見せるというリクツになりはしないか」

結論を言うとこの案は採用され、映像処理班と相談しながら、そしてNHK国際部と相談しながら書いた台本で外国人俳優に、今で言う声優になってもらった番組が作られ、そしてコンクールに応募し、めでたくグランプリを取ったという報告を受けた。

それで国内でも放送するというので映像はそのまま、英訳された台詞をそのまま日本語に直すと長すぎるので、改めて日本語に書き直した台本で日本人俳優に声優になってもらった日本語版が、ハイビジョン番組として放送された、題して『広重を旅する～東海道・四季・彩景～日本語版』のVHSは今も手元にある。

残念なのは、これほど手間暇かけてスイスで認められた番組が、日本では話題にもならなかったことだ。とは言ってもこの番組の面白さ、楽しさをわかってもらうには、この本に付録でDVDをつけてもらうほかはないので諦める。

『スーパースター8★逃げろ！』と私

スーパースター8（エイト）とは今は亡きコメディアン藤村俊二のことだ。

亡くなった時、ヒョイといなくなるから「おヒョイ」というあだ名がついたという説もあったが、私が彼と関わったこの番組が作られたころは、とにかく身軽で立ち居振る舞いがヒョイヒョイしているからおヒョイということになっていた。

スーパー8とは、そもそも8ミリフィルムのことだ。それまでテレビでフィルム映像を流すには16ミリカメラで撮るほかはなかった。ところが8ミリでもテレビ用に拡大しても鮮明な映像が撮れるカメラができた。それがスーパー8カメラ。

それに眼をつけたのが日本テレビのプロデューサーF氏で、藤村俊二を主役にして世界中をロケして回るコメディを企画した。某日複数の台本作者を呼び、担当させる国を決めた。共通するのは藤村が毎回なぜかヒョイヒョイ逃げるという設定だけ。そのなぜかの理由と、逃げる部分のドタバタを面白く書くのが私たちの仕事というわけだ。

その席で私は初めて井上ひさし氏に会った記憶がある。氏が「テレビは撮り終わるとすぐ、苦心して書いた台本をクズカゴに捨てるから辞めた」と言う前の話だ。

海外ロケ部分はすべてスーパー8カメラを使うから、その宣伝も兼ねて藤村を「スーパースター8」と名付ける。だから番組タイトルも民放らしく割り切って『スーパースター8★逃げろ！』。

私に与えられたロケーション国はメキシコとアメリカはハワイで、まずメキシコ編からロケを開始するという。但し行き先は首都メキシコシティではなく、第二の都市グァダラハラ経由、酒で名高いテキーラ村だという。その辺がF氏のコダワリだったのだろう。

テキーラ村とはどういうところか、誰も行ったことがないのでわからない。とりあえず地図など見て調べて準備稿を書き、F氏のOKをもらってからスタッフ一同出国、決定稿は現地へ行ってから実際にロケハン（ロケーション・ハンティング）してからでないと書けない。なので当然台本作者も同行する。私にとっては初めての外国。張り切らないわけはない。

当時はロサンゼルス経由でしかメキシコへ行けなかった。そしてグァダラハラから車でテキーラ村へ。その途次、村で造る酒の原料、竜舌蘭の畑を初めて見る。何もかも初めてづくしの風物光景の中でロケハンしてホテルで決定稿を書く。それをアシスタント・ディレクター（ＡＤ）氏が必要部数をカーボン紙を使ってコピーし、その間に通訳が役立たずだったので別人を探したり、決定稿に基づいて現地のプロ・アマの出演者を決めたり、今から考えるとスタッフ一同よくまあ、あんな苦労ができたものだと思えるようなことばかり。肝腎の主役・藤村俊二は、それこそ他国をヒョイヒョイと廻ってから来ることになっていて、予定通りに彼は来た。そして撮影も無事に終わったはずだった。

しかし帰国後、初めてＦ氏からあった電話の声は今でも忘れない。いきなり言った。

「驚いちゃいけませんよ」

何事かと思うと、

「メキシコロケで撮ったフィルム、全部使いものにならないんです」

理由はカメラマンがスーパー８カメラの操作をすべて誤っていたからだという。

「じゃメキシコ編はナシですか」

「いや、すでに放送順序は決めてあるので、日本で撮り直します」

そのため日本編に直した台本をすぐに書いてくれという。私の立場では従うほかはない。むろんスーパースター8が逃げるという設定は変わらない。

結果逃げる際に馬を使うことを考えたが、乗馬経験のない藤村がヒョイと乗れる馬など簡単に見つからない。そこで急遽芝居用の馬を作って乗せるが、急いでいるので馬の脚をやってくれる役者が一人見つからない。なのでもう一人は作者自身がやってくれという。脚ぐらいならシロウトでもできるだろうと引き受けた。

できてきた人工馬は見るからに子供だましなので、そこはドタバタ喜劇、おヒョイさんは本物の馬と信じて乗ってしまうが、すぐに脚がバアと顔を出して驚かすという下手なギャグ（？）をその場で考えた。そこでいささか照れながらバアをやった私にF氏は「照れちゃ駄目じゃないか」と注文をつけて、撮り直しをさせられたりしたが、とにかく日本版にOKは出た。あとはオンエア（放送）を待つばかり。

前後するがメキシコ編は週1回の番組が始まってから5回目に放送されることになっていた。日本編になってもその順序は変えないという。

番組は始まった。スーパースター8は毎回順調に逃げ延びるというF氏の見込みはミゴトに外れて初回から視聴率は同局最低、２回３回と減り続けたので３回で番組は打ち切りと決まった。異例といえば異例な速さでの打ち切り。おかげで日本編はパー。

のちにＦ氏自身が何かにアレは大失敗だったと書いているのを見た。

私にすれば初の外国へ行けただけでも儲けものと思いたいが、前記のようにロケ地とホテル以外はほとんど見ることがないまま帰国。次に予定していたハワイ行きがダメになったのはいいとしても、わがテレビ初出演、馬の脚役で顔を出すシーンが消えて、以後もテレビに顔を出す機会がないのは残念至極と、今は無理に笑っている。

視聴率・聴取率と関係ない話

聴取率とはラジオの場合だが、ラジオは民放の番組しか書いたことのない私も、局から聴取率の話をされたことも私個人も聴取率を気にして書いたことは一度もない。とは言え民放が気にしないはずはないから、私が長年書き続けることができた番組はその率がよかったのだろうと勝手に忖度している。

テレビの場合も、前述の『全員集合』のように高視聴率番組に途中から入ったことはあるが、最初から高視聴率を狙えと言われて書いた民放番組はなかった。ましてNHKの場合は視聴率の数字など気にしたことはなかったが、それなりに長く続いていた番組で、ある時NHK側スタッフが入れ替わった最初の企画会議でプロデューサーから、出演者に関して「数字の取れるキャストを考えてくれ」と言われた時、ああNHKも変わったなと思ったものだ。

ニュースや報道系など硬派の番組については知らない。少なくとも軟派の芸能番組で、それまで私のようなフリーの台本作者にまで声をかけて企画会議に出席させた例を、NHKで私は知らなかった。番組担当ディレクターと部長クラスのプロデューサーと個別に話し合うことで決定稿まで書き上げていったものだった。

もっともNHKの変貌ぶりはある時代から顕著になった。その例が、あえて名前を挙げるがタモリである。遠い昔NHKで私の書いていた芸能番組で初めて彼が出演した時、視聴者から「NHKともあろうものが黒メガネをかけた人物を出すとは何事だ！」というクレームが殺到して、彼はその回限りで消えたことがあった。ところが今や彼はNHKのゴールデンタイムに冠番組を持っている。民放での彼の代表番組『笑っていいとも！』は知らなくても、タモリをNHKで初めて見たという世代も増えていることだろう。

そういえば遠い昔、視聴率調査は現在のビデオリサーチだけではなく、ニールセンという確かアメリカ系の調査会社も行っていたことを思い出した。つまり視聴率の数字は2種類あったわけで、視聴者の一人としては数字は何種類もあったほうがオモシロイと思うが、調査会社としては数字に権威を持たせるために独占したのだろう。

今や新聞も毎週1回は視聴率ベストテンを載せて読者を楽しませている時代だが、しかし私の経験では視聴率とは関係ないと思われる番組もあった。それは記念番組の類い。そしてそれはラジオの聴取率の場合も同様だ。

『民放ラジオ30周年記念特別番組』と私

民放ラジオは1951（昭和26）年に誕生した。それから30年というと81年の10月25日に中波で生放送。その録音が翌26日に短波で、更にFMでは30日に放送された1時間半番組だったことが手元にある印刷台本でわかる。

題して『民放ラジオ30周年記念特別番組・スーパースターベスト10』。制作は東京のニッポン放送だが、内容にはこの時の中波、短波、FMを含めた全国の民放53局が関わっている。「構成」には私のほかにもう一人名前が記されているが、その人物は名前を見ても思い出せない。私の名前のほうが上に記されているので私がメインだったと言っても嘘にはならないだろう。

番組司会は今も活躍している南こうせつと、当時活躍していた白石冬美。

そのころのこうせつはまだラジオ慣れしていなかったのだろう。台本を作る前に打ち合わせをした時、こんなことを言った。

「自分はいつも台本ナシでしゃべっているので、この番組も台本ナシでできるようにしてほしい」

私は答えた。

「そうはいかない。なぜなら生放送だから全国各局でスタンバイしているスタッフ、出演者がいるのだ。時間内に収めるためにも台本はきっちり書いておかないと、スタンバッテいる人たちは時間計算もできず困り果てて番組にならない。若干のアドリブならいいと言いたいが、局の数から言っても時間内に収めるために、むしろ段取り台詞でもカットする可能性のほうが多い。だから台本通りにやってくれないと困る」

それでも本番になると彼はちょこちょこアドリブを入れていたが、台本の台詞を彼流に言い直す程度で放送は無事終わった。

『スーパースターベスト10』とは番組を進めるために浮かんだアイディアで、「集計センター」と称するところにいることになっているアナウンサーに、こんな台詞を言わせている。

「全民放ラジオ局53社から、社長、局長、プロデューサー、ディレクター、アナウンサーなど、合わせて537人の方に民放ラジオ30年の歴史の中から、スーパースター10人を、順位をつけて投票していただき、名前の挙がったスターを、1位10点、2位9点、3位8点……という具合に点数で集計し、そしてその総得点数でスーパースター・ベスト10を決定致しました」

そして某大学教授に「聴取者を対象にしたアンケートはたくさんあるが、ラジオマンを対象にした調査は初めてで興味深い」と言わせている。

選ばれたスターで歌のある人は、あらかじめゲスト扱いにしてコメントを録音しておき、タモリだけが長崎放送で生出演。生電話も一人いる。この時代の雰囲気がわかるかもしれないので、放送順に歌手、歌、コメントは誰かだけを紹介しておこう。

第10位　石原裕次郎　歌『錆びたナイフ』・コメント本人

第9位　ジョン・F・ケネディ　曲『LET US BEGIN BEGUINE』

第8位　山口百恵　歌『横須賀ストーリー』・コメント阿木燿子

第7位　吉田拓郎　歌『結婚しようよ』・コメント武田鉄矢
第6位　E・プレスリー　歌『ハートブレイクホテル』・タモリ長崎で生登場
第5位　チャップリン　曲『ライムライト』・コメント萩本欽一
第4位　王　貞治・コメントだけ生電話で山本浩二
第3位　美空ひばり　歌『悲しき口笛』・コメント本人
第2位　長嶋茂雄・スポーツアナによる長嶋情報だけ
第1位　ビートルズ　曲『ビートルズメドレー』・コメント阿久悠

締めの言葉として録音で、当時ラジオで活躍していた俳優・小沢昭一に、こんなことを言わせている。

「時間も無限、ラジオも無限、民放ラジオバンザイ……但し、私が使ってもらっている限りは」

録音部分の時間はあらかじめわかっているし、1時間半番組とは言っても途中でCMが9カ所入るので、生部分の正味時間は58分40秒で終わるようにと台本に書いてある。

生放送日の民放ラジオのこの時間はこの番組しかやっていなかったのだから、NHKファンを除けばこの番組の聴取率は100％だったに違いない。

『NHKニューイヤーオペラコンサート』と私

正確には『第46回・NHKニューイヤーオペラコンサート』というタイトル。そして私に注文があったのは第46回だけで、2003（平成15）年1月3日（金）の午後7時から9時までの2時間、教育テレビとFMラジオで生放送されている。

それにしてもオペラとはまったく縁のない私に「新春恒例」のこの番組を、なぜこの回だけ「構成」させたのか。印刷台本を見てみるとNHK制作スタッフのトップに旧知のS氏が「音楽・伝統芸能番組部長」とあることで、改めてわかった。S氏とは「伝統」のつかない「芸能番組」のプロデューサーだったころから付き合いがあったからだ。

氏としては今も俳優としてテレビで活躍している内藤剛志を司会役のアナウンサーの相手役として起用していたことも考えて私に声をかけたのだろう。今にして思うとNHKテレビの番組はずいぶん書いたが、教育テレビの番組はこれだけだったような気がする。

出演のオペラ歌手は、ロシアから招いた一人を含めて18人。それに合唱団2団体。管弦楽演奏の交響楽団。この番組のための稽古が前年の12月12日から始まっているが、私の役割は内藤剛志をどう使うかにかかっていた。

そこで彼にオペラといえば『カルメン』と『椿姫』の名前しか知らないシロウトを演じさせ、オペラに詳しいことになっている司会進行役のアナウンサーにいろいろ聞くことでコンサートを進行することにした。例えばこんな具合だ。

アナ　早速ですが内藤さん、今年2003年は、日本で、日本人によって初めてオペラが上演されてから、ちょうど100年になるということをご存じですか。

内藤　まったく知りません。100年前というと1903年、日本の年号でいうと……

アナ　明治36年。

内藤　そんな時代の日本に、もうオペラ歌手がいらしたんですか。

つまり内藤を通じてオペラに弱い視聴者を「教育」しようという趣向。アナの答えはむろんすべて専門家に聞いたニワカ知識だ。だから印刷台本段階でもまだ不備だったと見えて、残してあった台本の間には本番用に書き足し書き直した分厚い別紙が挟まれていた。

そんな番組をあえて紹介したのは、私にとって忘れ難い思い出があるから。

そのころ私は民放ラジオでコント55号の一人・坂上二郎が仕切る音楽番組を書いていた。多分55号としての活躍はもう下火になっていた時期だと思うが、その縁で坂上が単に音楽好きではなく、オペラのような声を出せる歌い手であることを知っていた。

なのでS氏と打ち合わせの時、内藤のほかに坂上もゲスト扱いで呼んだらどうか、そして調子に乗って自分も歌いたいと言い出してホントにオペラ歌手気取りで歌うと笑いも取れるのではないかと話した。

その場ではサスガ元芸能番組プロデューサー、S氏もオモシロイと言ってくれたのだが、すぐにノーの返事が来た。

「そんなコメディアンの余興のために演奏はできないと、オーケストラの指揮者が言ってるんだ」

そこで初めて、調子に乗っていたのは私だったと気が付いたものだった。

初代・林家三平と私

ここで言う落語家・三平とはあくまでも初代。現在『笑点』で活躍している二代目とは違うということをあらかじめ念押ししておく。

三平も歌った、といってもオペラではない、寄席の舞台にアコーディオン弾きを連れて現れ、「ヨシコさん」などという自作の「お笑い」歌を。

知り合ったのはテレビ初期のバラエティ番組で。バラエティと言ってもいろいろなスタイルがあるイマと違って、歌・コント・歌・コントというシンプルな構成の時代。私はコント作者として関わっていたのだが、そのコント部分に、複数のコメディアンに混じって独り落語家として参加していたのが林家三平だった。という言い方は間違いで、その番組は三平を売り出すために作ったので実は彼が主役、コメディアンは脇役と知ったのはあとになってからだ。彼が額にこぶしを当てて「どうもすいません」と言って笑いを取るスタイルはこの番組でできたのかもしれない。

その後どういう経緯があったのかは忘れているが、その後ラジオ（文化放送）で『朝からどうもすみません』という生の5分番組が始まるので、毎朝新聞を見てから時事ネタのコントを作って放送前に電話で送ってくれないかという注文が彼から直接あった。

そのころの私はまだ駆け出しで借室住まい、電話もなかった。これも今は信じ難いだろうが個人が電話を引くのに大金を要した時代があったのだ。だからこそ仕事が欲しいので三平の注文を引き受けた。新聞ぐらいは取っていたからコントは作れる。そして電話は近くのタバコ屋にある公衆電話から送ればなんとかなる。なにしろ5分番組なんだからコントも短くていいだろう。

新聞配達を待ってから作るコントの電話配達は、うまくいく時もあれば、我ながらツマラナイと思うコントしかできない時もある。それでも送ると電話の向こうで三平の声がオモシロイ、オモシロイと励ましてくれた。ありがたいがまったくコントのできない時がある。

指定された時刻を過ぎてもまだできない。ドウシヨウと思っているとタバコ屋のオカミサンが走ってきて叫ぶ、「三平さんから電話ですよ」。その公衆電話の番号を聞き出す時に彼女には事情を説明しておいたのだ。出ないわけにはいかないから私は新聞を持って出て、苦しまぎれに電話しながらコントを作ったこともあった。それでも三平はオモシロイ、オモシロイ！

その彼も亡く、タバコ屋もなくなっている今は、こんなコントのような話を証明するものは私の記憶以外どこにもない。そして以下は記憶以外に証拠のない話だが、ある時三平から寄席用の漫談を書いてくれと頼まれたこともあった。書いて送ってからしばらくするとラジオ局（局は失念）から著作権使用料が送られてきて、その漫談をラジオで使う時に作者のいることを話してくれていたことがわかった。ほかにも一人、三平から紹介されたという落語家のために漫談を書いたことが一度あったが、文書にして送ったあとは音沙汰なし。それを思うと三平はとても律義な人物だったのだ。

落語家ではほかに先代・三遊亭『円楽の奥様読本』というラジオ番組をニッポン放送で書いたことがあったが、彼とも打ち合わせの時一度会っただけだった。

三平との縁は毎朝の生放送が終わってからも続いた。今度はニッポン放送から三平による録音番組の注文。そこで私の考えたアイディアは「三平の歌謡ベストテン」。普通ベストテン番組といえば何らかの統計によるものだが、そこは三平カラーを生かして毎週1回、音楽好きの三平が勝手に選ぶベストテン。むろん順位も勝手な理由で勝手につけるという勝手仕放題の番組。これは結構続いたと思うが、なぜだか知らないが三平側の事情で終わった。それからしばらく彼との縁は切れていた。

そのころ文化放送の仕事で追われていた私は、同局の隣にあった旅館に泊まったり、それでも間に合わないと同局の1階ロビー隅のテーブルに向かって書いたりしていた。

そんなある日、ロビーで書いている時、たまたま同局に入ってくる三平と眼が合った。私はニコッとでもしたのだろう。ところが彼は難しい表情のまま真っすぐ私のほうへ向かってくる途中で「先生」と言った。彼は私のことを先生と呼んでいた。ナニゴトかと思った次の瞬間、それまでに聞いたことのない思い詰めたような声で言った。

「先生！　落語家はやっぱり落語ができなきゃ駄目です！」

書きながらその時の彼の厳しい表情を思い出す。

確かに彼は落語以外の、今で言えばお笑い番組でテレビで売れラジオで売れた「お笑いタレント」ではあったが、視聴者、聴取者で「三平落語」を見聞きした者はそんなにいなかっただろう。私は演芸作家じゃないので事情はわからないが、彼がタレントから本物の芸人になろうと志したナニカがあっただろうことは見当がつく。そしてイマはその志が、人気番組『笑点』に出ている二代目にも受け継がれていることを祈るばかりである。

「芸能人」ではない人たちの話

ムカシ流に言うと『笑点』は「寄席番組」だが、イマは寄席芸人以外のシロウトさんも「大喜利」に出ることがあるので、イマ風に「芸能番組」と言ってもいいだろうし、バラエティ番組といわれる「芸能番組」には、いわゆる「芸能人」以外の職業人も出演するのがアタリマエになっている。

そんな時代の移り変わりの中で「ショー番組」という呼び名が死語になりつつあるようなのは、「テレビ番組はすべてショーだ」と言いたいくらい「ショー好き」の私としては少々、いやかなり淋しい思いをしている。

しかし「ショー嫌い」は昔からいた。ショーショーが駄洒落に聞こえるからでは決してない。そのことを最初にわからせてくれた小説家や、作詞家、作曲家という、本来なら「テレビショー」に出ることはない職業の人たちに「ショー番組」に出てもらった時の話をしたい。

松本清張氏と私

NHKから連絡があって『この人…ショー』という番組を始めたいが、最初の「…」は誰がよいかという相談を受けた。少しは考えてから「松本清張はどうか」と応えた。

理由の一つはそのころのNHKは松本清張作品をしきりにテレビドラマ化していて、そのせいかどうかドラマ以外の番組でも清張氏（と以下書かせてもらう）をNHKの画面で見る機会がよくあったから、この人はテレビ画面に顔を出すことが嫌いではないと思っていたこと。

もう一つは、私の野心と関係のあることで、かねてからいわゆる「芸能人」以外で「テレビショー」を創ってみたいと思っていたからだ。但しそれにはそれなりの世間的に知名度のある人物でないと無理だという程度の「業界的常識」はあって口には出さずにいたのだが、清張氏の名前は今やベストセラー作家として知らぬ者はないという時代になっていると判断して口にしたのだ。

私案は通って、清張氏も取材ＯＫだという。大喜びで私が担当ディレクターと氏宅を訪ねてまずわかったのは、氏はＮＨＫの番組だというので詳しくは内容を聞かずに引き受けたということだった。それというのも私が「タイトルは『この人・松本清張ショー』というショー番組です」と説明すると、氏がしばらく考えてから言った言葉は忘れない。

「ショーというのが、どうもねえ」

その理由を聞くうちに、どうやら氏にとって「ショー」とは「見世物」と同義語らしいとわかってきた。つまりテレビで見世物扱いされるのは嫌だというのだ。

それからの私は「テレビショー」は「ファッションショーのショーとは違う。テレビには独特のショースタイルの番組があり、今回は今までにない新しいスタイルのテレビショーを創りたいので、ぜひ先生にご出演いただきたいのだ」と熱弁をふるって成功し、氏の半生を語るにふさわしいテレビ的要素を持つ話を聞き出すことができた。

しかしそれで氏のクレームは終わらなかった。氏の好きな音楽的要素も入れて書いた私の脚本の第一稿は当然氏にも見せてＯＫをもらったつもりで私はいたが、本番録画当日、

ＮＨＫスタジオに現れた氏は私に向かって言った。

「番組冒頭で私自身が松本清張ショーと叫ぶのはどうにかならないかね」

実は番組冒頭ではない。冒頭はいきなり氏の好きな九州は小倉の太鼓から始まり、それが短く終わったところで清張氏に番組タイトルを、カメラに向かって叫んでもらうという趣向にしてあったのだ。脚本を読んだだけでは抵抗のなかったその部分も、いざスタジオに入って太鼓のリハーサルなどを聞いて「ショー化」されているのを実際に見ているうちに、自分がタイトルを叫ぶことに抵抗を感じ始めたに違いなかった。

だが私としては、その部分こそ『この人…ショー』という番組の第1回として、いやでも清張氏自身に叫んでもらわなければならなかった。どんな言い方をしたかは記憶にないが、私なりの熱弁をふるって氏にはどうにか納得してもらい、無事本番を撮り終えた。

『この人・松本清張ショー』は一応の成果を上げたと言っていいだろう。「あの松本清張氏でさえ出た番組」ということが説得力になって、それからも何人かの小説家に出てもらったし、「芸能人」以外の人に出てもらうのが当たり前の「テレビショー」になった。

その人たちの名前を列記できると説得力は増すのだが、この番組に限らない、私が書いて残っている全番組の印刷台本を整理するだけで私の持ち「時間」が終わってしまうことがわかって、以下たまたま目についた印刷台本だけを基に書いていることをご了承いただきたい。白状する。清張氏の回の印刷台本は見つからず鮮明な記憶だけで書いた。

阿久悠氏と私

一方、たまたま出てきた『ビッグショー』の印刷台本の中に「歌わない男にも歌はある」というサブタイトルの作詞家・阿久悠氏の回があったのに私自身が驚いた。1978（昭和53）年6月18日にNHK101スタジオで録画し、同年8月8日に放送していたことなどまったく忘れていたのだ。『この人…ショー』の場合と違って『ビッグショー』は芸能人に限っていたはずと思い込んでいたからに違いない。

もっとも阿久氏とは、氏が作詞家として成功する前に一度出会ったことがあった。

そのころの私はラジオのニッポン放送に入り浸りの時期で、更に新しい番組を頼まれた時、プロデューサーから言われたものだ。

「あなた一人じゃ無理だろうから私の知ってるアクユウを紹介するので、彼と一緒にやってほしい」

その時私はアクユウを「悪友」と思い、それほど仲のよい友人だと思ったのだ。

そのころの私は名刺を持っていなかったたし、アクユウ氏もそうだったようで、氏を紹介された時もプロデューサーが「こちらがオオクラさんで、こちらがアクユウ」という言い方をし、お互いに「ヨロシク」程度の挨拶で別れたのだった。

それから間もなく、またプロデューサーに呼ばれて行くと「この間のアクユウの件は忘れてほしい」と言う。どういうことかと聞き返すと「実は彼は本当は作詞家志望で、いろいろ詞を書いていたんだが売れないので、ラジオの台本でも書かしてくれということだったので紹介したんだが、あれから急に彼が書いた『白いサンゴ礁』という歌が売れてね、それで作詞を本業にすることにしたというんだ」

すでにテレビ同様ラジオの台本書きも本業だった私は、なんだかバカにされたような気がしたので、この経緯を憶えているのだ。

イマ『ビッグショー』の台本を見てみると、氏に「昭和44年、ズーニーブーのために書いた『白いサンゴ礁』は、ぼくの最初のヒット曲です」という台詞を言ってもらっているから、私が「プロデューサーの悪友」と思ったのもその年だったとわかる。

それから9年、売れっ子作詞家になっている彼を取材に行った時、彼もニッポン放送の件を憶えていて、妙な雰囲気だったことも思い出した。それでもむろん聞くべきことは聞いて、彼が若いころから女優・八千草薫の熱烈ファンなので、彼女をゲストに呼んでくれないかと頼まれ、その夢を実現する代わりに彼女に捧げる詞を書いてもらったことなどが遺されていた台本でわかる。

ほかに歌手のゲストとして沢田研二、岩崎宏美を呼んで、いわゆる「持ち歌」以外にも氏のヒット曲を歌ってもらったこともわかる。ちなみに沢田の持ち歌『勝手にしやがれ』、岩崎の持ち歌『ロマンス』などが阿久悠作詞だ。

そう書きながらも、つい「悪友」と書いてしまいそうになる。

私より若いはずの彼は2007（平成19）年、70歳で亡くなった。そのことを知った時には言葉を失った。

船村徹氏と私

2017（平成29）年2月16日、私と同年、1932（昭和7）年生まれの作曲家・船村徹氏が亡くなった。この人とは間違いなく『この人・船村徹ショー』で初めて付き合ったのだが、やはり印刷台本は見つからなかった。それでも記憶が鮮明なのは、本番時よりも取材時のエピソードが印象深いからだ。

まずよく知られている作詞家・高野公男氏とのエピソード。船村氏は音楽学校で高野氏と出会ってから作曲活動を開始する。そして1955（昭和30）年、『別れの一本杉』が大ヒットしてから数々のヒット曲を生み、数々の受賞に輝き、2016（平成28）年の、作曲家として二人目の文化勲章受章への道へと続く。

では一人目は誰かというと山田耕筰だそうで、私などからするとクラシックというか歌曲というか、いかにも文化勲章という感じがする。ところが船村徹は歌謡曲。文化勲章のいう「文化」とは縁遠いと思っていたのに、選考する側の価値観が時代とともに変わったのか、それとも船村作品は「文化」と認めざるを得ないと思ったのか、いずれにしろ大衆音楽作曲家としては初めてと言える。まさに快挙だ。

ところで彼と私の関わりは『別れの一本杉』は船村の生まれた栃木県の船生村に実在すると聞いて、実際に観に行ったことから深まる。確かにそれは村はずれの別れ道に存在した。ディレクターと二人で行ったので、その報告に湘南にあった船村邸を訪ねて、更に深い『別れの一本杉』誕生秘話を聞いたり、当時の氏が趣味にしていた鉄道模型を一緒に楽しんだり。むろん一緒に飲んだりもした。

調子に乗った私が氏の前で、それほどヒットしなかった曲も知っていると歌ってみせたり、氏は氏で「細川たかしの歌でヒットした『矢切の渡し』は、本当は彼の前に歌っていた女性歌手のほうが好きなんだ」とホンネ（？）を漏らしたりした。

作曲家と歌手の関係には微妙なものがあるようだし、作詞家との関係にもヤヤコシイことがあるようだ。高野公男氏在世のころは問題なかった関係も、高名な者同士となると複雑になるらしい。

『この人・船村徹ショー』の時は小さな会場での公開録画で、作詞家の星野哲郎氏をゲストに呼んだ。星野氏が承諾した理由は、この機会に船村氏に言いたいことがあるからというものだった。そして本番時だけに星野氏の指定した船村作曲作品の詞を書いたボードを用意した。

ボードに書かれた自作詞を前に星野氏は言った。

「おかげさまでこの歌はヒットしましたが、1カ所だけ作曲する時の都合だったのでしょう、船村さんに変えられた部分があります。おわかりでしょう。その部分を元に戻して頂けませんか」

するとすかさず船村氏は答えたものだ。

「ダメです」

とたんになぜか会場から笑い声が起こった。私には意外だったので憶えている。

亡くなった時の船村氏は日本音楽著作権協会の名誉会長だった。著作権信託者の私にも送られてきた会報に戒名が紹介されていた。

「鳳楽院酣絃徹謡大居士(ほうらくいんかんげんてつようだいこじ)」

「音楽の天子」「酒を飲んで音楽や楽器を楽しむ歌謡の人」を表しているそうだ。

一緒に酒を飲めただけでもしあわせだった。

特に記しておきたい
三人の女性歌手の話

イマ目の前に1982（昭和57）年に「学研」発行の『証言の昭和史6・占領下の日本』という本がある。もっとも大きな文字の書名は「焼跡に流れるリンゴの唄」。確かに敗戦後の日本歌謡史は『リンゴの唄』から始まるのが定説になっている。

しかし私の個人史では違う。軍歌・軍国歌謡の時代に育って13歳で敗戦を知った世代の一人として、敗戦後に知った最初の「歌謡」は「進駐軍放送」で聞いた歌だった。当然英語（米語）だからアナウンスの類いはわからなくても、ジャズというより今風に言えばポップスに入るだろう、英語を学び始めた中学生にもわかりやすい英語の歌詞だった。番組名が『ヒットパレード』だったり、番組の終わりが「ソーロング・フォアザホワイル」で始まるテーマソングだったことをメロディとともに今も憶えている。だから私の歌謡戦後史の始まりは『センチメンタル・ジャーニー』だったり『ボタンとリボン』だったりするのだ。

そんな音楽環境に育った者として「演歌＝日本のこころ」的考え方にも違和感を持っている。そういえば船村徹氏からも「日本のこころ」一筋ではなく、音楽学校時代には「洋楽」にも親しんだと聞いたことがある。

思えば「放送作家」への道を選んだことで、作曲者で言えばジャズピアニストだった中村八大さんから船村氏まで広いジャンルの人とお付き合いできたし、歌手に関して言えばあらゆるジャンル、年代の人と関わることができた。それこそ「歌謡曲」で言えば東海林太郎から氷川きよしまでということになるだろう。

ちなみにNHKの『ふたりのビッグショー』に関して言えば、ちらっと印刷台本を整理しかけただけで、次のような「ふたり」の名前が出てきた。

南こうせつとイルカ、田端義夫と由紀さおり、青江三奈と中条きよし、ペギー葉山と菅原洋一、森進一と長山洋子、……まだまだあるが名前を書き出すだけでこのコーナーは終わってしまいそうなので止めるが、出演を口説くのに大分県の南こうせつ宅を訪ねた際、土産に自作畑の大きな大根を丸ごと一本もらった時には、帰りの飛行機に持ち込むのに困ったものだった、なんてことを思い出す。

そんな大勢の歌手の中で、特に記しておきたい三人を選ばせてもらった。

有名度よりも、当然のことだが私との関わり方に重点を置いている。

雪村いづみと私

前述したラジオの『トンコは出勤5分前』の時は、タイトル通り「出勤」する若い女性社員を演じてもらったので、1937（昭和12）年生まれの彼女がなぜ『想い出のワルツ』（原題『ティル・アイ・ウォルツ・アゲイン・ウィズ・ユー』の邦題）のヒットに始まる「ジャズ歌手」になったのかなどの個人履歴について知ることはなかった。

幸いテレビの『ビッグショー』がまだスタジオ録画だった時代に、彼女にも出演してもらえることになった。その時改めて彼女の自宅まで訪ねて取材して、たまたまダンスホールで「それしか知らなかった英語の歌『ビコーズ・オブ・ユー』を唄っていたら、レコーディングの話がきた」ことを知った。

なぜトンコにこだわるかといえば、私どもの時代にはもう一人、江利チエミという「ジャズ歌手」がいて、美空ひばり（後述）とともに「三人娘」と謳われたりしたのだが、チエミと関わりを持つことはなかったし、いづみの明るさのほうが好きだったのだ。その辺のところをラジオ・プロデューサーも見抜いていて「トンコ」の番組を書かせたのだろう。

しかし彼女の『ビッグショー』が放送されたのは1975（昭和50）年2月、録画されたのは1月と、見つけることのできた印刷台本を見ればわかる。つまり彼女37歳でトンコの時代はとっくに過ぎているので、ここではいづみと書く。

サブタイトルも「いづみからあなたへ」と名付けたその番組で、いづみはまず『ティーフォーツウ』（邦題『二人でお茶を』）という歌を英語で歌ってからカメラに向かって挨拶後、英語の発音に苦労した話をしてから、

「本当にあのころは、アメリカという国のなにもかもがスバラシク見えた時代でした」

と前置きして、今度は『ナイトアンドデイ』（邦題『夜も昼も』）を、むろん英語で唄いだす。

……というような趣向でメドレーの3曲を含めると全13曲すべてが英語の歌。

しかし最後だけ藤田敏雄作詞・前田憲男作曲という、私も放送の仕事を通じて知っていた一流コンビの作った日本製ヒット曲『約束』を歌い終わったところで「終」マークが出る。この構成方法にはアメリカの「スバラシサ」に憧れた女性歌手が日本の歌の見事さに

気づくという狙いもあった。

それから40年が過ぎた。

2015（平成27）年1月28日、いづみが私の住んでいる街にある小ホールでライブを開くことを知った。私は妻を誘って観に行った。妻は彼女と同世代である。

ピアノだけを伴奏に英語、日本語の歌を交えて彼女は歌った。昔ながらのいづみの声に変わりはなかった。

実はその時私は製本してあった『トンコは出勤5分前』の印刷台本を持参していた。私の顔だけ見たのでは誰だかわからないだろうが、当時の台本を見せれば思い出してくれるかもしれないという願いを台本に込めていた。

歌い終わった彼女のサインを求めたり一緒に写真を撮ったりするファンの列の最後に私も並んだ。そしてファンは私だけになった。

「こういう者ですが、憶えてくれていますか」

台本の表紙に印刷されている私の名前を指して言うと、

「ああ……」

懐かしそうな声を出すと台本を手にとってしばらく見てから、私の名前を入れたサインをしてくれた。

そこまでは憶えているのだが、今はその時妻が撮ってくれた、いづみが私と腕を組んでくれている写真を見て、その時の雰囲気を思い出すばかりである。

美空ひばりと私

２０１７（平成29）年3月6日の東京新聞（夕刊）に「『歌謡界の女王』再び脚光・5月で生誕80年　美空ひばりさん」の見出しで、次のような記事が載った。

戦後日本を代表する歌手で、『川の流れのように』などのヒット曲で知られる故美空ひばりさん。いまだに人気が衰えることはなく、五月に生誕八十年を迎えるのを機に改めて　歌謡界の女王　に光が当てられている。

そして私は見なかったが6日にＢＳ朝日で特集番組が放送されたこと、4月には追悼コンサートが開かれることや、新たにＣＤも発売されたことなどを、１９８８（昭和63）年4月の、ファンにはおなじみの東京ドーム・コンサートで歌う彼女の黒い衣装の写真や、そのCDを写真入りで紹介し、次のように締めくくっている。

美空さんが今も人々の心を引きつける理由は何か。音楽評論家の安倍寧（やすし）さんは、類いまれな表現力が鍵だったとみる。

「完璧だけなら、『うまい』で終わってしまう。意図した以上の表現を自然と出すことができた人でした」

その通り、あるいはその通り以上の人で、1937（昭和12）年生まれの彼女は「生誕九十年」になっても「百年」になっても、日本に歌謡史ある限り永遠に語り継がれる歌手だろうと私は思う。

それというのも私はNHK『ビッグショー』で彼女に出会うことができ、その番組が3回とも3本のDVDになって今も市販されているからだ。普通の同番組出演者は同番組には1回出演しただけなのに、3回も出演したのは彼女だけである。

なぜか。その理由を書く。

3本のDVDには「NHK総合テレビ」での『ビッグショー』放送日と、私のつけたサブタイトルが記録されている。

1回目、1977(昭和52)年4月10日、「わが命燃えつきるとも」
2回目、1977(昭和52)年4月17日、「わが歌は永遠(とわ)に語らん」
3回目、1978(昭和53)年12月26日、「わが歌のさだめに生きて」

このうち3回目だけはスタジオ録画で、彼女のために特に作られた番組だが、1、2回目はなぜ1週間開いているのか。1回目はNHKホールで観客を前に歌っているが、2回目のほうは実は同じ日に客入れ前、つまり観客なしのホールで先に録画され、あとで観客がいるように編集された番組なのだ。

なぜそんな面倒なことをやったのか。それは私の知る限りNHKがなぜ彼女を『ビッグショー』に出演させざるを得なくなったかという理由と関係がある。

それはひばりが何歳の時だったたか、弟が暴力団と関係があるとかいうことが表ざたになって、「皆サマのＮＨＫ」としては彼女を『紅白歌合戦』から締め出した。しかし何年かすると「皆サマ」の中のひばりファンから「紅白になぜひばりを出さないのか」の声が大きくなって、ＮＨＫとしてはなんとか手を打たなければならなくなった。そこでひばり側に提案した。突然紅白復帰というわけにもいかないので『ビッグショー』に出てもらえないかと。すると彼女側から条件を出してきた。出てもいいがほかの歌手と同じ1回だけでは嫌だ。2回出してくれるなら出てもいいと。「皆サマ」の局としては呑まざるを得ないので承知すると、更に条件を出してきた。2回のうち1回はふだん余り歌わないアチラの歌も披露したいが客前では歌いたくない、かといって2回もホールへ通いたくないので一日で済ませたい。そこでアチラの歌は客入れ前に済ませたい。それでよければＯＫすると。「皆サマ」の局はそれも呑んだ。ということは美空ひばりは、いったんは自分を追い出したＮＨＫに勝ったのだと私は思っている。

ちなみにＤＶＤに記録されているホールでの曲目を転載する。曲順はむろん彼女の意向によって決めているし、ほかの歌手の場合はいたゲストもいない、完全なワンマンショー。

1回目・『リンゴ追分』『悲しき口笛』『お使いは自転車に乗って』『旅姿三人男』『都々逸（酒

は涙か溜息か入り）』『波止場だよ、お父つぁん』『九段の母』『私は街の子』『ひばりの花売娘』『越後獅子の唄』『花笠道中』『ひばりの佐渡情話』『あの丘越えて』『港町十三番地』『柔』。

2回目・『バナナ・ボート』『ラヴ』『雪が降る』『夕日に赤い帆』『かなしいお話』『あやとり』『ある女の詩』『悲しい酒』『風の流れに』『人生一路』『今日の我に明日は勝つ』。

この2回目が先に、客のいないNHKホールで録画されたわけだ。

曲目を書き写していて思い出した。録画前のオーケストラとの音合わせ（練習）の時、『悲しい酒』になるとひばりが指揮者に、大きな声で注文をつけたことを。

『待ってよ、これじゃ私が泣けないじゃないの！』

それは私が初めて彼女に会った時からは想像もつかない厳しい声だったが、その時の表情までは憶えていない。今も明確に私の記憶に残っている表情は初対面の時だ。

ひばりの回の『ビッグショー』の台本を私が書いたのは、ひばりの回だったからではない。同番組がNHKホールでの公開録画になってからは私一人が、いわば「座付き作者」になっていたからだ。

この際だから自慢させてもらうと、番組収録の場合はＮＨＫホールでも本番前にアシスタント・ディレクター（ＡＤ）が幕前に出て、観客にモロモロのお願いをするものだ。しかし私はソレをやめてもらって、『ビッグショー』に関しては、普通の劇場公演と同じように幕を下ろしたままで、すべてを場内アナウンスだけにしてもらった。なぜなら、いかに無料の観客とは言え裏方のＡＤが出てきて「本番中は席を立たないでください」などとお願いするのは観客をシラケサセルだけだと考えたからだ。そんなお願いよりも場内アナウンスで観客に本番の期待を持たせたほうがいいと考えた私は、場内アナウンスの原稿も出演者に合わせて自分で書くようにさせてもらった。そしてそれは成功し、必要な場合は場内アナウンスで観客の笑いを取ることもできた。そんな実績があるので「ひばりの回」も、ほかのことでは譲りっぱなしだったＮＨＫサンも「座付き作者」だけは変えないことでひばり側の了解を得てくれたのだ。その点は「ＮＨＫサンに感謝」である。ひばりほどの歌手になれば当然彼女側の「座付き」がいただろうから。そのせいだろう、私が最初に会ったのはひばり本人ではなく、当時健在だった彼女の母親だった。

具体的な月日は憶えていないが、１９７７（昭和52）年３月までの某日ということになるだろう。

当時、東京の代官山というところにあった「ひばり御殿」と言われていた邸宅を、私とＮＨＫディレクターは打ち合わせのために初めて訪ねた（私を先に書いたのは私が主導権を握っていたからだ）。彼女が生まれた横浜に住んでいたころは知らないが、「御殿」とは言ってもファンが集まれるような「博物館」と称する小さな別宅がある邸宅に過ぎなかった。本宅に通された私たちを待ってくれていたのが母親だったのだ。

挨拶もそこそこに母親が語り始めたのは、わが娘「ひばり」が歌で売れ映画に出始めたころから、いかに芸能的才能に溢れていたかを立証する話ばかりだった。そう、彼女は娘を本名の「和枝」とは一切呼ばず「ひばり」で通した。そして「ひばり」は映画の撮影時にも少女のころからいかに照明に敏感だったかなど、私たちが調べてもわからないようなこまかいことを話してくれてから、ひばりを呼んだ。

すると奥の部屋から現れたひばりの、なんと可愛かったこと！

イマ数えれば彼女40歳の時ということになるが、書いていても信じ難い可愛さ。

完全に化粧なし、完全なスッピンで、寝間着のような普段着。そして得も言えぬ可愛らしい笑顔で現れたのだ。イマ思う、そんな「ひばり」を見る機会に恵まれたのは、ほんの少数しかいなかったのではないかと。

率直に言う。それまで私にとっての彼女は好きでも嫌いでもない、単なる出演者の一人に過ぎなかった。いや、前述の「紅白」関連の話でＮＨＫとは特別の関係にあることは知っていたが、それは「放送作家」としての話で、個人的に歌手として特別だと思ったことはなかった。しかし『ビッグショー』のおかげで初対面してから、ＮＨＫホールでの本番成立までの過程を通して、私なりの「ひばり」を発見してから、彼女のような歌手、芸能者は二人といないと思うようになった。

そしてイマのテレビでは「ひばりの名曲を歌い継ぐ」という言い方をしているが、それは違うと私は思っている、「ひばりが歌うから名曲なのであって、彼女以外の歌手が歌っても名曲にはならない」と。

もう一つ、今度は母親抜き、スッピンの彼女と二人で相談してＮＨＫを口説いた話をしておこう。それは客前で歌う『ビッグショー』の曲目の中で『波止場だよ、お父つぁん』（作詞・西沢爽）に関してのことだ。

それは結構ヒットした歌だから彼女としては極く自然に曲名を挙げてきた時、ＮＨＫは「なんとか考え直してもらえないか」と言った。理由は3番まである歌詞の1番に「年はとっても盲でも」という部分があるが、めくらというのは放送禁止用語になっているからというもので、2番、3番の歌詞には問題がないから2番から唄い始めてくれるのならいいが……ということだった。

しかしそれはヒット曲としては明らかに不自然なことだ。きっとあなたもそうだと思うが、カラオケでも好きな歌は1番から歌うだろう。『波止場だよ…』にしてもファンなら1番の「古い錨が捨てられて」から歌い始め、「ホラ　雨に泣いてる波止場だよ、年はとっても盲でも」と歌ってこそひばりの歌だと思うだろう。だからＮＨＫサンの要求は受け入れられない。ではどうするか。

そこで私の考えたチエは、ひばりの意志とは関係なく彼女が『波止場だよ…』を歌わざるを得ない状況になってしまう、ということだった。それならと彼女も同意してくれ、ゲストにＫという彼女の好きなギタリストを呼ぶことにしよう、それも自分の持ち歌を歌うのにわざわざ呼ぶのは変だから、普通なら三味線で唄う都々逸をギターで唄うからという理由でギタリストを呼んで歌謡曲を都々逸風に歌う。それが終わるとギタリストがサービスのつもりで『波止場だよ…』のイントロを弾き始める。ひばりは「どうしよう」と困るが結局は1番を歌ってしまうという仕掛けを二人で考え、NHKサンを説得し、そして2番は飛ばして3番を歌うという案を出して、その通りをホールでの本番でも実行したのだ。

しかしサスガはNHK、本放送時の1回だけはギタリストがイントロを弾き始めた時、ひばりがステージ袖にいるスタッフに向かって「どうしよう」と一度は相談するふりをして、結局は「めくら」と歌ってしまう場面を放送したが、その後再放送する『ビッグショー』の『波止場だよ…』映像では1番をカットし、3番だけを歌うようにキレイに編集されていた。

市販されているDVDでもむろん同様だが、私としては「天下のひばり」と話し合って決めたシーンを記録に残したかったのだろう、本放送時の映像をイマも残してある。本番時には私もNHKホールのステージ袖にいたわけだから、家族に録画を頼んだのだろう。

こんな話、あなたにとってはどうでもいいことだろうが、放送作家としての私にとっては「天下のひばり」を語るのに欠かせない話なのだ。

都はるみと私

全盛期の映像を含めてイマのテレビではまったくと言っていいほど彼女を見かけなくなった。私より16歳も年少の彼女は、イマどうしているのだろう。

そんなことを思うのは、放送とは関係のない彼女の興行ステージの「構成・演出」をさせてくれた歌手だから。それも（今はなくなったが）有楽町にあった日本劇場（日劇）や、浅草の国際劇場、新宿コマ劇場など大劇場の。

出会いはやはりＮＨＫ『ビッグショー』だった。番組開始時はスタジオ製作の上に番組のスタイルまで決まっていた。

繰り返すようだが当時のＮＨＫには「ショーとしてビッグにする」という考え方はなくて「ビッグな歌手のショー」という考え方。しかも「ショーアップ」という考え方もなくて、歌のコーナー、対談コーナーなどの順序も決まっていて、その中には「お茶席」というコーナーがあって、その回の「ビッグ」が「茶道の師匠からお茶をおよばれする」とか、「ロケーション」コーナーというものがあって、その回の「ビッグ」の歌の中からロケにふさわしい曲を選んで、その歌に乗せてロケの映像を見せるだけという、思い出しても信じ難いコーナーもあった。

ところが、どういうわけかその『ビッグショー』を機会に私に、彼女の所属しているプロダクションから彼女の、前記した興行の「構成・演出」の依頼が来始めたのだ。

この本を書くので当時の印刷台本を調べてみると、日本劇場の『都はるみデビュー15周年記念特別ショー』や、国際劇場の『都はるみ18回連続出演ショー』や、新宿コマの『都はるみ特別公演・絶唱！はるみ節』など、私「構成・演出」のステージ台本がいろいろ出てきた。こんなに多くの劇場公演を依頼されていたのかと、正直驚いている。

思い出すのは国際劇場でゲストを従えて谷村新司の歌『昴（スバル）』を歌ってもらった時、こんなにウマイ歌手はほかにいないだろうと思ったこと。新宿コマでラストに『アンコ椿は恋の花』を歌ってもらうまで隠しておいたセットの「椿」が、ラスト曲のイントロが始まると同時に、ステージに大輪の花を咲かせる仕掛けをしたことなど。

しかし彼女からの、なによりも大きな贈り物がある。それは興行のステージ創りと放送番組のステージ創りの違いだ。放送作家として私の代表作はNHKホール時代の『ビッグショー』だと思っているが、その「テレビショー」としてのステージ創りに「はるみの劇場興行体験」がどれほど役に立ったか、まさに言語に尽くし難いと言うべきだ。

もう4、5年前になるだろうか、東京・中野サンプラザ・ホールで都はるみ・八代亜紀のコンサートがあるのを知って観に行った。二人とも元気だったが、私ははるみが客席に降りてきた時だけ「ミヤコッ！」と声をかけた。そう、ファンは「はるみ」ではなく「ミヤコッ！」と声をかけるのだ。

もう一つ、これは言いにくいことだが、これが絶筆になると思うので書かせてもらう。

それは出会ったころの「都はるみ」の本名は、誰からともなく「李春美」と聞かされていたのが、いつの間にか「北村春美」に変わっていたことだ。

それがどうしたというような話だが、彼女の劇場公演を「構成・演出」していた時、ある回の打ち上げの席で、ある男性を紹介され、これからは彼が彼女のすべてを仕切るから私の「構成・演出」は今回限りと言われたこと。そしてその男性がのちになぜか自殺したり、彼女について書く小説家が現れたりしたことを考えると、「都はるみ」は一人の優れた歌手であることを超えて「日本人とは何か」を考えさせてくれる女性だ。

そんな女性、いや、人間と出会えて人間である私は、本当にしあわせだったと思う。

影響を受けた俳優の話

「放送作家」とは、なによりも放送という電波メディアの在り方の変遷に影響を受けて成り立つ職業だ。しかし私がこの仕事を始めたころはまだ「放送作家」という呼び名はなかったから、番組を通じて関わりあったさまざまな人たちの影響を受けながら「放送」とは何かについて考える「作家」に育てられたと言えるだろう。

そのさまざまな人たちの中に、私の場合、俳優という職業を超えて影響を受けたと言える人物が三人いる。その人たちのことを書き残しておこうと思う。

その三人が「俳優」であるのは、ドラマ専業作者ではなかった私にとってはいささか苦い思いもあるが、しかし「人間として」と考えると、そんな苦さは消えてしまう。

イマで言えばイマの放送には「お笑い芸人」という呼び名があるが、アノ程度の「お笑い」で「芸人」を名乗ったり呼ばれたりするのは、いくらなんでも図々しすぎると私は思っている。

そう思うのは「時代遅れも甚だしい」と言われるのなら、そういうアナタも明日は「時代遅れ」になっていますよと言い返しておこう。本当に時の流れは日々、いや時々刻々速くなっていく。ここで紹介するお三方など遠い遠いムカシの人だろう。

小沢昭一と私

民放ラジオが始まった1950年代初めのころの聴取者にとって自分の車、マイカーを持つ生活は夢だった。そこでニッポン放送に自動車会社がスポンサーの『車でお先に』という一人語りのオビ番組（月〜金）ができ、頼まれて私が台本を書いた。語り手は小沢昭一という俳優。それが3歳年長の彼との出会いだった。

それまで私は彼を映画の脇役で一度観たことがある程度だったから、彼の「語り芸」を生かすことより、マイカー族ではない私の夢を面白おかしく書くことを優先していたはずだ。しかし録音に立ち会うたびに、彼の「語り芸」に賭ける情熱が並々ならぬものであると感じ始めたころ、スポンサーの都合とやらで番組はなくなってしまった。きっと私の台本が気に入らなかったのだろう。

しかし小沢さんは私を忘れないでいてくれた。今度はTBSラジオで『小沢昭一の小沢昭一的こころ』（以下『的こころ』）というオビ番組が始まった時、複数の書き手の中に私も加えてくれたのだ。そしてプロデューサーを通じて私には「流行歌の世界」を採り上げるように提案してくれた。恐らく私がテレビでは主に「ショー番組」を書いていることを知ったからだろう。そのせいで私が『的こころ』のために書いた台本を基に、のちに『小沢昭一的　流行歌・昭和のこころ』という本を、私との共著書として出してくれた（2000年、新潮社刊）。

もっともこの種の本を出す場合、その由来とか共著者との関係とかが「まえがき」とか「あとがき」とかに記されているものだと思うが、そんなことは一切記されていないし、事前に私への連絡も一切なかった。ただ「あとがき代わりに」と題して「変哲」と名乗っていた彼の俳号名で、次のような一句が記されているのみである。

「秋の夜の紅茶東京ラプソディー」

これだけでは私にも何のことやらまったくわからない。

ちなみにこの本で採り上げられている「小沢昭一的」流行歌手の名前を列記してみよう。

藤山一郎、美ち奴（みやっこ）、楠木繁夫、松平晃、杉狂児、二村定一（ふたむら）、小唄勝太郎、灰田勝彦、霧島昇・松原操夫妻、ディック・ミネ、美空ひばり。

そして『東京ラプソディー』が「昭和11年」に藤山一郎が歌ってヒットした「流行歌」であることがわかるくらいである。

イマ「昭和11年」と括弧をつけて書いたのは、この本でも最後に書いているが「私は昭和を手ばなさない」というのが、私が『的こころ』を書き始めてからの小沢さんの口癖だったからである。

そこには3歳年少の私にはわからない深い意味があることだけはわかる。それは「たった三つ違い」とは言え、敗戦後、俳優を志す前の「戦争中」に本気で軍人になろうとして軍人養成学校に入った者と、「戦争中」は「軍国少年」で終わった者との違いと言える。

もっといえば終生「昭和を手ばなさない」と誓っていた者と、私のように「早く昭和を手ばなしたい」と思いながら生きている者との違いとも言えるだろう。「昭和」生まれの後輩として、もっといろいろ聞いておきたかった。

あ、さっき「美空ひばり」と書いて思い出したことがある。

それは彼女がまだ『紅白』に出ていたころ、彼女の応援者として熱烈ファンだった小沢昭一がゲスト出演した時のことだ。『紅白』は生放送だから台本には出演者一人一人の持ち時間がこまかく記され決められていて、ゲストといえどもその時間を破ることは許されない番組なのだ。

なぜそういうことを知っているかというと、私も一度『紅白』の台本書きを頼まれたことがあって、その時手本に前年の『紅白』の台本を見せられたからだ。しかし幸か不幸か私に頼んだプロデューサーがＮＨＫを辞めてしまったので、ソノ話はなくなってしまったが、それはともかく……。

小沢さんももちろん『紅白』の時間厳守は承知の上で、独りで語る「ひばり応援」を引き受けたはずで、リハーサル時までは台本通りにやっていたに違いない。ところが本番になると時間無視、好き勝手な応援台詞を言い始めた。

テレビで観ていた私になぜそれがわかったかというと、小沢独演場面になるとＡＤたちが大慌てしているのがチラッとだが見えたからで、私は大笑いしたものだ。むろん小沢さんは何もかも承知の上で楽しんでいることもわかった、まさに「小沢精神躍如」の場面。

もう一つ。『的こころ』は小沢さんにとっては余技のようなもので、本職関連の本をいろいろ出しているが、中では『私は河原乞食・考』（三一書房）が私は好きだ。そこには「ウレシイ大阪」について書かれているからかもしれない。大阪は私の生まれた街だから。

もっとも大阪市は生まれただけで、育ったところは阪急電車沿線にある豊中市なので、大阪の「ストリップ・ショー」がどんなにオモロイかなどということは、すべて東京生まれの小沢さんに教えてもらった。

中でも忘れられないのは大阪のストリップには、東京にはない客との「本番」を見せる小劇場があるということだった。大阪生まれとしては知らぬは恥と早速観に行った。街はずれの、まさに知る人ぞ知る小さな小屋で、入り口には入る客を監視している男がいた。蛇の道はナントヤラでケイサツ関係者はイッパツで見抜いて「入場お断り」するためだとも教えられていた。

そういうところもあれば、明らかに住宅街とわかる中にひっそりと、気が付かないと見過ごしてしまうような小さな看板を出しているストリップ小屋もあるのも大阪のエエトコやと教えてもらい、やはり確かめに行ったりもしたものだ。イマは知らない、ムカシムカシの大阪の話。

ともあれ私にとっての小沢昭一さんは、私の知らない芸能世界の奥深さを教えてくれた類いまれな師匠である。

森光子と私

偶然というのはあるものだ。

1958（昭和33）年といえば森さん38歳、私26歳。似ているところを強いて挙げれば京都生まれと大阪生まれ、同じ関西生まれというところだけであとは何もかも違うが、その年大阪梅田コマ劇場に出ていた彼女を、すでに東京暮らしをしていた私が、たまたま父母の住む神戸に帰っていたついでに覗いたコマの客席で観たのだ。

端役も端役、あとで知ったのだが台本に台詞もない役で、その時彼女が鼻歌風にその当時の流行歌をメドレー風に歌ったのはアドリブだったそうだが、その場面を今でも憶えているのは余程オモロかったからだろう。

これもあとで知ったことだが、その場面をたまたま観たのが当時全盛の大御所劇作家・菊田一夫氏で、「あのチョイ役女優、面白い」というので声をかけ東京へ呼んでから、アノ『放浪記』の大女優への道が拓けたのだそうだ。

のちに文化勲章をもらう対象にもなる『放浪記』は私も3、4回観ている。テレビドラマでも彼女を観ていたが、ドラマ専業ではない放送作家になった私にとって彼女は遠い遠い、もう一つ遠い存在、まさかテレビ番組で縁ができようとは思いもしなかったことだ。

その縁ができたのもNHKサンのおかげだ。

彼女と関わった番組の台本なら残してあるはずなのだが、未整理のままの数が多いのでどうしても見つからない。そこで、これも私など比較にもならない膨大な量の「森光子年譜」の中から虫メガネで探すと1983（昭和58）年、彼女63歳の年のことであるらしい。当時「夏の紅白」と言われたNHKホールでの公開録画『思い出のメロディー』の司会をしている。その台本を書いたのが私なのだ。

台本はなくても忘れ難いシーンがある。初めて会った直接取材の時、戦争中、彼女20代の時、当時の歌謡スター・東海林太郎一座に前座として加わって「戦地の兵隊たち」を慰問に行ったことがあるのを知った（年譜によれば21歳の年とある）。

そこで私はNHKサンに更に詳しく調べてもらって、当時「戦地」にいた元兵隊で、慰問団で来た歌手の中に森光子がいたのを憶えている人たちはいないかを探してもらった。サスガはＮＨＫと言うべきだ。なんと複数の元兵隊を捜し出してきて、ＮＨＫで私に会わせてくれたのだ。そして当時のことをいろいろ聞くうち、森さんと彼らの対面をドッキリにしたいと考えた。

普通ドッキリといえば司会者が仕掛けるものだが、ここでは司会者にドッキリを仕掛けるのだ。だから森さん以外にＮＨＫのアナウンサーもアシスタントの名目で司会を手伝ってもらい、そのドッキリシーンだけは本番まで森さんには内緒でリハーサルをした。元兵隊たちも、本番まで彼女と会わないようにホールの楽屋以外に控室を用意したり、本番の時は誰にリーダー格になってもらって当時の森さんについて話してもらうかを決めるなどの準備をしたりした。

そして本番。観客を前にした森さんの司会も歌の順序もうまく進み、ドッキリの場面がくると突然アナウンサーが仕切り始める。

「ところで話は飛びますが、戦争中、森さんは戦地の兵隊さんたちを慰問にいらしたことがおありですね」

「えっ、なんで急にそんな話を……」

最初は戸惑っていた森さんも、ステージ中ほどにある幕（中幕）が開いて、そこに元兵隊たちがいるのを見ると、さすがにすぐに事情を察して、驚きながらも観客を前に感動的なシーンを作ってくれた。


もう一つの忘れ難いシーンは、やはりＮＨＫでの『ビッグショー』だ。「森光子年譜」によると１９７６（昭和51）年、森さん56歳の時とある。

私にとっては余談だが、森さんはその年にも『思い出の…』の司会をしているし、ＮＨＫの番組ではほかに私も書いていた『この人…ショー』や『愉快にオンステージ』、その他民放の番組を含めると、ドラマ以外にもまさにテレビに出まくっていた時期がある。

しかし私にとって彼女との記憶は『思い出の…』と『ビッグショー』は別の年だし、後者では主役を演じてもらったのだから私の記憶に誤りはないと信じる。それにしても後者の台本が見つからないのは残念というより口惜しい。

それというのも本番の日、ＮＨＫホールで顔を合わせるなり森さんは、印刷台本を両手

で持って、

「ありがとうございます。この通りやらせていただきます」

と言ってくれたのだ。この言葉を言ってくれたのは男性では前記のドリフの長さんと、女性では森さんだけである。そのドリフとも森さんは共演したことがあるのを「年譜」で知って「見たかったなあ」と思ったものだ。

念のために注釈しておくが、台本通りにやってくれなかった人などいない。それも放送作家としての自慢の一つだが、森さんと長さん以外の出演者たちにとって台本は、あくまでも「台本ニスギナカッタ」のだろう。

さて肝腎の『ビッグショー』だが、森さんとの打ち合わせの時、若いころ「ターキー」こと水の江滝子に憧れていたことを知って意外に思ったものだった。なぜなら私は阪急電車の宝塚線沿線育ちなので、京都という関西生まれの少女ならタカラヅカのスターに憧れると思い込んでいたからだ。しかしターキーは東京は浅草の「松竹歌劇」のスターだったからである。

それはともかく、番組がスタートしたころの『ビッグショー』は「ビッグな歌謡スターのショー」だったが、それを歌謡スターに限らず「ワンマンショーとしてビッグにする」というスタイルに変えていったのは、あえて名前を出すが小野康憲というNHKのディレクターと私の力だったと思っている。特に同番組がスタジオ製作からNHKホールでの公開録画になってからは、そのスタイルが顕著になった。なぜなら歌えるだけでなく観客を笑わせたり泣かせたり感動させたりする「ショーの条件」を満たすことのできる出演者と、その出演者を生かすことのできる台本（というより脚本と私は呼びたいが）と、その台本を生かすことのできる演出家（ディレクター）を必要としたからである。

そういう番組創りの条件を満たすために、森光子さんほどふさわしい出演者はいなかった。司会役などいらない。森さん独りで語れる、歌える、観客の笑いも取れる、そして必要なら演技として涙も流せる。そんなホールでの公開番組としての条件をすべて満たせる出演者を生かせる台本を書かなければ「放送作家失格」とまで私は思い込んでいた。

番組のラスト、森さんが独りで歌う歌には、「大正生まれ」の彼女にふさわしい「大正生まれ」の『ゴンドラの唄』を選んだ。歌う前にはその歌にふさわしい語りが入る。「私は一人の女として56年の半生を振り返ってこう思う」という語りを私は書き、語りが終わるとイントロが始まり、彼女は歌い始める。

いのち短し／恋せよ乙女／紅き唇／あせぬまに／
熱き血潮の／冷えぬ間に／明日の月日は／ないものを

すると歌い始めて間もなく、森さんは涙を流し始めた。

ステージ袖で見ていた私には意外だった。演技で涙を流せる人にしては、少しタイミングが早すぎるのではないか。

そこで歌い終わり無事に幕が下りて袖に戻ってきた森さんに聞いたものだ。

「ちょっと涙が早すぎませんでしたか」

返事はこうだった。

「そうなんだけど、歌い始めたら客席で泣いてる人がいたもんだから、ついもらい泣きしてしまったのよ」

ああ、森光子さんほどの人にもそういう時があるのか、と私は思った。

そして、更に思った、観客を前にした「テレビジョー」には、出演者にも作者にも考え及ばない力があるのかと。

ちなみに森さんが残した「Ｍｉｔｓｕｋｏ Ｍｏｒｉ」という全20曲入った歌のＣＤにこの歌は入っていないが、その代わり「森光子」とサイン入りの、自筆で書いた素敵な言葉が遺されている。

「花はいろ　人はこころ」

森繁久彌と私

放送の仕事を始める前から私は映画俳優、それも喜劇俳優としての森繁久彌のファンだった。だからラジオの文化放送から森繁さんの仕事を頼まれた時の喜びようはお察しいただきたい。

ところが『今晩は森繁久彌です』というその番組は、喜劇とは関係ないどころか若者たちの真剣な悩みに、森繁オジサンが真剣に応えるというマジメ極まりない番組だった。

幸い大好評で番組100回、200回を記念してホールを借りて開いた公開録画は超満員だったし、文化放送自ら番組内容を、2回も本にして出したほどだったが、その冒頭には番組の開始テーマ曲に乗せて森繁さんが思いを込めて語る詩が掲載されている。

ほんとうの倖わせに／しみじみとむせび泣きたいのなら／
あなたよ／今日の不倖わせには／笑って耐えようではないか／
友よ／明日泣け

残念ながら私の考えた詩ではない。台本は二人で書いていたのだが、その共作者、今は亡くなっている私より2歳年長の詩人・川崎洋さんの作である。森繁番組に彼と私を組ませたのはプロデューサーのアイディアだが理由は知らない。

ただ私としては相手が詩人なので「言葉」ではかなわないと思い、何か対抗し得る方法はないかと考えたのが「取材」だった。つまり相手が「言葉」でくるなら、こっちは「行動」で行こうというわけだ。それが成功したかどうかはわからないが、『今晩は…』のおかげで、普通なら行けないところや入れないところへ入れたのは確かだ。

むろんそれも「森繁番組」だったからこそで、この番組が縁で森繁さんの『ビッグショー』も書けるようになる。そのことについては苦い思い出もあるのだが、とりあえず『今晩は…』の成功例から始めよう。

若き日の森繁さんと

番組での私たちの仕事はここでも「構成」と呼ばれたが、先に書いた『思い出を結ぶ歌』のように聴取者からの手紙を創作する必要はなかった。当初は森繁さんが若者たちに、なんでもいい「相談」の手紙をくれるように呼びかけ、「森繁節」の歌を紹介するだけでよかった。すると反響はすぐにあって夥しい量の手紙が届いた。その手紙群の中からどの手紙を採用するかを決めるのも私たちの仕事だ。

そして私の選んだ手紙の中に、要約すると次のような内容の手紙があった。

「私は戦後の落とし子といわれる混血児。父は黒人だが私は父を知らない。K子という名前も育ての親につけてもらったが、私を育ててくれた母も一昨年亡くなった。

私は黒い肌、そのために何度ひどい目にあったことか。私もほかの混血児も、あいの子でも日本人。どうか白い目で見ないでほしい。同情はいらない。ただ日本人として当たり前に思ってほしい。当たり前の、だけど本当の友情が欲しい。

私は町工場で働いている19歳」

この手紙に感動した森繁さんはテレビでも「ラジオでこんな手紙がきて大反響があった」と話したり、新聞にも書いたりした。その記事がサンフランシスコの邦字紙にも紹介されて、それを読んだ日本語のわかる黒人が突如日本へやってきて、ラジオ局に現れた。それは『今晩は…』の録音日だったが、突然黒人がいるのに私もびっくりしたものだ。

それからいろいろあって、K子さんにもスタジオへ来てもらったりして、Cというその黒人と出会い、付き合いが始まり、何カ月か経って二人は結婚することになった。飛行機ではなく船でアメリカへ行くK子さんを、私も横浜港へ見送りに行ったものだ。

のちに番組宛に来たK子さんからの手紙には「森繁さんをお父さんだと思っている」と書いてあった。

森繁さんが96歳で亡くなったのは2009（平成21）年11月。青山葬儀場で行われた「お別れ会」で、本当に何十年か振りで彼女に会った。「憶えてる？」と聞くと「ああ、文化放送の」と言ってくれた。そう、彼女から見れば私は文化放送の人間に見えていたのだろう。違うとも言えずにいると「私、もう孫が４人もいるんです」と聞きもしないことを教えてくれた。彼女からの手紙を採り上げたのは１９６０年代。これを書きながらアメリカにいる、おばあさんにしては若いＣ・Ｋ子さんはどうしているんだろうと思い出しているが、『今晩は…』は、こんな奇跡のような事実を作り出した番組だったのだ。

そんな縁もあったのだろう、ＮＨＫ『ビッグショー』の初期、つまり「ビッグなスターのショー」でスタジオ製作、番組の構成スタイルも決まっていたころの森繁さんの回の台本書きに私を指名してくれた。

といっても大してすることはない。精々「森繁節」の歌の説明をすることくらいだが、記憶に残っているのは『戦友』という歌に関してのことだ。

『戦友』とは戦争中「天に代りて不義を討つ」で始まる『日本陸軍』と並び称されるほど流行った「軍歌」の類いで、敗戦後は歌う人はいなかった。

しかし森繁さんはどうしても歌いたいと言う。なぜなら戦争中は「満州」でアナウンサーをしていた彼にとって「ここはお国を何百里／離れて遠き満州の／赤い夕日にてらされて／

友は野末の石の下」という歌詞が忘れられないからだ。

森繁さんの言うことだからＮＨＫとしては断れないが、しかしスタッフが困惑している様子はわかった。「満州でアナウンサー」とは、実は敗戦後はＮＨＫというようになった局のアナウンサーとして入社し「満州帝国」に派遣された社員だったからで、つまりＮＨＫマンとしての先輩の言うことだから聞かないわけにはいかないのだ。

そこで私は提案した。普通、歌のシーンではイントロで曲名、作詞・作曲者を表示するが、それだけだとＮＨＫが選んだ曲と思われかねない。しかし『戦友』に関してはそうではなく、明らかに森繁さん個人の意志で選曲したとわかる文章を、曲名を表示する前に出したらどうだろう。例えばこういう文章を、と私の書いた文章を見せた。

「今は異国になった土地で亡くなった友を偲んで」

むろん森繁さんにも見せて納得してもらうと、ＮＨＫスタッフも頷いてくれた。

本番を撮り終わってから、森繁さんは言ってくれた。

「あの文章のおかげで歌いやすかったよ」

歌いたいと言いながら、元ＮＨＫアナウンサーとしてはやはり気にしていたのだ。

幸い森繁さんが『戦友』を歌ったことに視聴者からのクレームもなかったようで、この番組を機にＮＨＫは「森繁久彌の旅番組」を企画し、私も同行して彼の生地、大阪府枚方市や北海道知床半島まで行ったものだ。

そういえば『知床旅情』という歌は森繁久彌作詞・作曲だが、今は歌手・加藤登紀子のヒット曲として定着している。しかしそもそもは１９６０（昭和35）年、森繁プロ製作の映画『地の涯てに生きるもの』の主題歌として森繁さん自身が歌った歌で、曲名も『オホーツクの舟唄』と題されていた。だから『ビッグショー』でも『オホーツクの舟唄』という題に戻して歌ったものだった。

そして「森繁の旅」で知床半島の旅館に泊まった時は、森繁さんの自筆で書かれたその歌が屏風になって飾られていた。折しもその町では「オホーツク祭り」が行われていたことも思い出す。

更に忘れ難いのは森繁さんが、旅の途中で二人だけでいる時に漏らした言葉だ。

一つは『戦友』に関しての話の時だったと思う。ポツリと言った、「敗戦で帰国した時は、てっきり戦犯になると思ってたよ」。

もう一つは文化功労者に選ばれた時だ。たまたま二人でいる時に、その知らせを付き人が今知らせがあったと伝えに来た。森繁さんは喜ぶでもなく、しばらく考えてから、やはりポツリと言った、「あとから来る人たちのためにもらっておくか」。

イマ思えばその時傍らにいた私を気にしていなかったという言い方もできるし、私には心を許してくれていたという言い方もできる。

しかしイマの私が思うのは、森繁さんは俳優だからと演技のことだけを考えていた人ではなく、いつもどこかで「国家と自分」を考えていた人だということだ。

そんなこともあってイマも私の部屋には、まだ髪が黒いころと白くなってからの森繁さんと私の2ショット写真が飾ってある。

ところで『ビッグショー』が始まってからもラジオの『今晩は…』は続いていた。なのでテレビの「旅」が終わってからも「行動派」の私としては旅を続けた。紀伊半島を旅して灯台守りの青年を紹介した時は、その青年を私が撮った写真が新聞の番組紹介欄に載ったこともあったたし、また北海道を訪ねたこともあった。

その時は（今はなくなっているとも聞いたが）狩勝峠の鉄道トンネルの中で、冬場に染み出てきた水が凍ってトンネルが狭くなるのを防ぐためにツルハシで氷を叩き落としている青年たちを取材したり、網走刑務所の中で受刑者たちの慰安と文化活動を兼ねて行われている彼らのコーラスを録音したこともあった。

その時私は受刑者たちと肩を並べて暖炉にあたったりしたが、むろん会話は禁じられている。彼らが話しかけてくることはないが、その時たまたま受刑者たちの「雪祭り」が行われていて、私とディレクターが審査員を頼まれたりしたものだった。

「彼ら」と書いたが実際に「女囚」はいなかったし、「網走」には死刑囚はいないこと、死刑台があるのは札幌刑務所だということなども刑務官の話で知った。

その時刑務所入り口前や、網走港の流氷の上に乗っている私をディレクターが撮ってくれた「記念写真」は今も残っているが、流氷は変わらなくても刑務所機能を持った建物は別に建てられ、元刑務所は「博物館」になっているという話を聞いた。その現実を見るために機会があっても網走を訪ねることは、この歳ではもう無理だろう。

「その時」ばかりの話になっているが、もう一つ『今晩は…』関連で忘れられない光景があるので聞いてほしい。

今はハンセン病といわれて治癒できる病気がまだ遺伝、伝染すると思われて癩病と呼ばれていたころの話だ。しかし今は消えている言葉なのでここではハンセン病と書く。

だがその療養所の一つが、瀬戸内海の長島にあることだけは変わらないので、長島愛生園という呼び名は使わせてもらう。もっとも今はその島へ行くには本州の山陽道から車で行ける立派な橋ができているそうだが、私たちが行ったころは岡山県の日生という町の港から出ている小さな連絡船に頼るほかはなかった。

一言でいえばそんな不便な島へ、なぜ行く気になったかといえば、その療養所で働いている（今は使われていない名称の）「准看護婦」たちがいると聞いたからである。「行動派」の私としては、「不治の病（と当時は考えられていた）の患者を看病している感動的な女性たちがいる」と知っただけで、行動を起こさないわけにはいかない。そこでディレクターを口説いて行くことにしたのだ。

なにもかもが初見、驚くことばかり。病状が進行し顔や手足がひどく変形した患者もおり、そんな患者を毎日看病している若い女性たちを、ラジオ的にどう表現したらいいのか。私は悩み苦しみ、いろいろなことを彼女たちに聞いたに違いない。

しかしそのことが却ってよかったとイマは言わせてもらう。というのは私たちが帰ってからすぐ、つまり彼女たちのことを放送する前に彼女たち「一同」から「取材に来てくれてありがとう」という礼状が届いたからだ。

ハンセン病のことを詳しくラジオで伝えることはできない。しかし放送人は誰も一度も取材に来たことがないこと。それほど知られざる療養所で、苦しむ患者たちを看病している女性たちがいて、私たちが取材に行っただけで感謝してくれるほど外界と隔離された島があることを、そのまま素直に書いて森繁さんに読んでもらったのだった。

私の筆の拙さもあるだろうし、前記のK子さんの時のように番組宛直接の手紙でなかったせいもあるだろう。K子さんの時ほどの反響はなかったが、それでも森繁番組ファンには、少しは私の思いが通じただろうと、イマになって自分を慰めている。

森繁さんは２００９（平成21）年に96歳で、森さんは２０１２（平成24）年に92歳で亡くなっている。命日は奇しくも同日、お二人とも11月10日だった。改めて合掌。

『放送の休日』の話

1960年代、ラジオの文化放送には毎週日曜の午後6時から30分間放送する『現代劇場』というドラマの時間があった。同局の宣伝文句によると「伝統と栄光に輝く」時間で「数々の芸術祭・民放大会受賞作品と有為の作家を生んだラジオ芸術のメッカ」だった。

その「メッカ」から私に注文があって、創作脚本を書いたのが『放送の休日』だった。

むろん放送もされ、新聞評も載った。忘れもしない、こう書かれていた、「着想は面白いが、ストーリー展開に無理があった」と。

某年某月某日、ラジオもテレビも全番組が休んでしまう。そこで日本国中大混乱が起こるという、音声メディアだからこそできる社会風刺のつもりで書いたのだが、ドラマ作りと想像の能力に欠けていた私には任の重すぎるテーマだったのだろう。

だからこれ以上触れる気はないが、しかしもしこのドラマが「ラジオ芸術」として成功していたら、放送作家としての私の生き方は変わっていたかもしれないと考えることはできる。

もっともネット社会になった2010年代の今は「全放送が休む話なんてナンセンス」という考え方もあるだろうし、「いや、2020年の東京オリンピックを前にして『放送の休日』は以前にも増して大きなテーマだ」という説もあるかもしれない。私の説はむろん後者で、できることなら今度は私がプロデューサーになって、どんなに途方もない制作費がかかろうが、テレビで実現したいと夢想する。

いずれにしろ『放送の休日』というアイディアは、イマの私も魅力的だと思っているので、最初にそんなことを思いついたのは私だと、この際タイトルだけは「登録商標」して、私の代表作にしておこうか。

そして次に書くのは、もし『放送の休日』が実現しても、このテレビ番組だけは休みたくないという、甚だ得手勝手な話である。

『わが心の愛唱歌大全集』と私

２０１９（平成31）年のイマ、テレビからまったく聞こえてこなくなった歌に「兎追いしかの山」で始まる『故郷（ふるさと）』と、「更け行く秋の夜」で始まる『旅愁』がある。しかし18年前、２００１（平成13）年には世代を超えて誰もが知っている歌と考えられていたと言っても差し支えないだろう。

それで私は同年10月13日午後7時半から9時半まで、ＮＨＫホールからの2時間生放送だったこの番組を、ステージ中幕前に登場した宮崎美子が次のように観客に語りかけることから始めた。

ひとりでいる時／気が付くと口ずさんでいる歌。
ふたりでいる時／歌えば心の通う歌。

そしてみんなでいる時／歌えば心がひとつになる歌／それが心の愛唱歌。
どうぞご一緒にお歌いください。
『わが心の愛唱歌大全集』

するとファンファーレとともに中幕が開き、横に並んでいた出場者全員が現れ、『故郷』のイントロに変わると全員が前方へ出て、観客と一緒に歌うという趣向。
そしてフィナーレは宮崎と、アシスタント役を務めていたアナウンサーが出場者全員が並ぶ前に出て、短い会話を交わしたあと、次のように言うと『旅愁』のイントロが出る。

宮崎　ご一緒に過ごした秋の夜も、次第に更けていきます。そんな思いをこの歌に託してお別れです。
アナ　明治四十年に発表されてから今年で九十四年。親子三代、いえ、もう四代にわたって歌い継がれてきた愛唱歌。『旅愁』です。

ホールでは歌い終わってからも、簡単なアフターサービスがあるわけだが、番組上は盛り上がるエンディングにダブって「終」マークが出るという趣向。

例によって私はステージ袖にいたわけだが、三千何百人という大観衆の「愛唱」は十分すぎる迫力があったものだ。

参考までに出場者たち全員を、五十音順で記しておこう。

えなりかずき、太田裕美、木村俊光、さとう宗幸、塩田美奈子、しゅうさえこ、芹洋子、ダークダックス、田川寿美、デュークエイセス、天童よしみ、中島啓江、橋幸夫、氷川きよし、ボニージャックス、八代亜紀、そしてゲスト格として童謡で知られた川田正子。

計17名は、私が書いた音楽番組の中で最多だが一人1曲とは限らないし、えなりは歌手とは言えないが、いわば観客代表として参加してもらっているわけで、歌手たちも何人かで合唱してもらった曲もあれば合唱団も二組呼んであるし、演奏もオーケストラだけではなく室内楽団もいれば「歌声喫茶」風などもあって、歌手選びと曲の決め方はＮＨＫ側と私とでチエを出し合ったはずだ。

しかし例えば八代亜紀に、いわゆる持ち歌以外に個人的愛唱歌を歌ってもらっているところなどは、明らかに私が彼女に取材しなければわからないことだ。そう、この番組でも私は「行動派」の役目を果たしていたのだ。

私がそんな役どころを果たせたのもＮＨＫから仕事の注文があったからこそで、改めて言うまでもないことだが「放送作家」とは放送という電波メディア側からのオファーがないと成り立たない職業。そのオファーが続くかどうかは、局側から見ればその局なり番組なりに対する「貢献度」なるものによるだろう。

だが局側の判断とは別に「作家」を名乗るからには、番組創りに対して作家自身の判断があって然るべきと私は考える。そういう意味で元ＮＨＫディレクターだった人物によれば「ショー」という呼び名が嫌いだったＮＨＫに『ビッグショー』『ふたりのビッグショー』『この人…ショー』『加山雄三ショー』という四つの「ショー番組」を定着させた功績は私にあると思っている。

中でも特にＮＨＫ流に始めた『ビッグショー』の内容を私流に変更し、それなりの成果を遺せた功績は大きいと思っている。その証言者として、また森繁さんに登場してもらわなければならない。

スタジオ製作時代、NHK流に作られていた同番組に紹介してくれたのは森繁さんだ。ところがNHKホール時代になると森繁さんからの声はかからなかった。

ある時たまたま同ホールで森繁さんに出会った。すると森繁さんは聞きもしないのに言った。

「あんたの流儀でやられたくないのでね」

言われてからどういうことかをスタッフに聞くと、自分の回はすべてを自分で仕切っているのだという。ステージに関しては大プロの自分のショーを、大倉ごとき若造に任せておけないということだろうと、その時は思った。それでもホールでの同番組が私流に創られていることは認めてくれていたのだ。そしてホールでの森繁流は客席で見せてもらったが、特に印象に残る場面はなかった。むろん私なりの自惚れがあっての上だが。

それからまた何かの折り、何かの演奏会に出てくれるようにNHKから頼まれて、その音合わせをしている稽古場へ行った。すると帰り際に私のいるのを見つけた森繁さんは言ったものだ。

「この御用作者が！」

捨て台詞のように言い捨てて去っていった。

ああ、そういうことだったのかと私は思った。『ビッグショー』を私流に変えたのも、私の意志ではなくNHKからそうするように頼まれたからだと思っていたのかと。

森繁さんがそもそもはNHKアナウンサーだったことに思い至るのはもっとあとになってからのことで、かつての「御用アナウンサー」から見れば私も「御用作者」に見られても仕方ないな、もっと視野を広げれば「放送界の御用作者には違いないのだし」などと、その時も自分を慰めたものだった。

本当にすばらしい人生の先輩と出会えたものだと思う。

だからイマも、前記の2ショット写真とは別の部屋に、森繁さん58歳の年に書いてもらった次のような色紙を飾ってある。

いい背広を買った／友達の仲間入りがしたくて／でも誰もこなかった
その背広をクソ質に入れた／そして酒をのんだ／酒と一緒に友だちがきた
徹也さん／久彌

酒の席ででも書いてくれたのだろうか。場所までは憶えていないが、筆でもペンでもなく、マッチの軸の端を自分で嚙み砕いて柔らかくした、いわばマッチ筆を硯ですった墨につけて書く森繁独特の筆法を、眺めるたびに思い出す。

話を戻す。

放送作家としての私の代表作は『ＮＨＫビッグショー』だし、ＮＨＫホールでの『わが心の愛唱歌大全集』のオファーもその延長線上にあることは疑いない。だから『放送の休日』にも拘わらず再放送してもらいたいのは『わが心の…』かというと、そうではない。

理由は二つ。一つは沢田研二と山口百恵が登場していないこと。

『ビッグショー』の最終回はベテラン歌手のワンマンショースタイルではなく、明日への希望を託せる若手歌手二人に登場してもらおうという私案が通って、沢田研二と山口百恵の「ふたりのビッグショー」になった。それが成功してその名も『ふたりのビッグショー』

と題した新番組がスタートできたのだ。私にすれば彼と彼女の歌を、その時代の「愛唱歌」から外すわけにはいかない。

もう一つの理由は『わが心の…』の中には、私個人の「愛唱歌」、タカラヅカの『すみれの花咲く頃』（作詞・白井鐵造）が入っていないからだ。もっとも手元の『日本流行歌史』（社会思想社）によると「昭和五年」、つまり私が生まれる2年前の「流行歌」として『祇園小唄』などと一緒に採り上げられているから「私個人の」とは言えないのかもしれないが、大阪市生まれ、阪急電車宝塚線沿線の豊中市育ちとしては小さいころから何かと言えば「宝塚」へ行ったのだ。当時は歌劇以外に遊園地や動物園もあったし、戦争中『ピノキオ』という歌劇で観たスターが「冴春香」だったと名前まで憶えている。

更に敗戦後の学制改革で、通っていた男子校の旧制中学が「新制高校」になると男女共学になり、歌劇ファンの女生徒たちが揃って『すみれの花咲く頃』を歌っていたから、わが青春の思い出の歌でもあれば、『ビッグショー』では元宝塚スターに歌ってもらったし、今住んでいる東京の街にも「日向燦」という元宝塚スターがいてムカシ話をしたり、恥ずかしながらイマの私もカラオケバーで歌うのはいまだに『すみれの花咲く頃』なのだ。歌詞を見なくても「春すみれ咲き春を告げる」というバース（導入部）の部分からちゃんと歌える。

だから自分で創案した『放送の休日』の掟を自分で犯してまでも放送したいのは『すみれの花咲く頃』の入った特別番組、「個人的わが心の愛唱歌大全集」なのだ。

そんな途方もない、無茶苦茶な夢を語ることができるのも「放送作家の時間」を創ってくれたおかげである。

エンディング

いつの間にか「終」のマークの出る「時間」がきた。ラジオならエンディングの音楽に乗せて私の名前が紹介されたし、テレビの場合は、エンディングの場合もあればオープニングの場合もあったが、いずれにしろ出演者と同じ大きさの文字、字体で名前が出た。

なぜそんなことにこだわるかというと、イマのラジオはほとんど聞かないのでわからないが、テレビの場合はいつのころからか「終」マークは画面の片隅に小さく出るようになり、それでも出るだけましなので、画面では出演者たちが演じたりしゃべったり笑いあったりしているのに、画面下部に（業界ではスタッフロールという）小さな文字でスタッフ名群が繋がって横に流れ始める。中には一段でゆっくり流れるのもあるが、おおむねは二段で、しかも目にも止まらぬ速さで流れすぎていくから、関係者でも満足に読めないだろう。そして最後に「制作著作」として局名だけか、局名と制作プロダクション名が並んで出て、番組が終わったことを知らせる作りになっている。ちなみに出演者名はおおむね番組開始時にそれなりの大きさで、時には一人一人の映像にダブらせて出ることもあるから、平たく言えば出演者に対してスタッフは極めて軽視されていると言っていいだろう。

制作者側にはそれなりのリクツがあるだろうが、スタッフとしてはこんなに悲しい映像を見たくないので、つい街の人たちを見たくなる。「私事」で始めた「時間」だから「終」も「私事」で終わらせてもらう。

イマの私は東京都目黒区の自由が丘というところに住んでいる。古い3階建てマンションの3階の部屋で、階段を降りると通りの向かい側に、今は少なくなったという畳屋さん、「鈴木畳店」があって、ご主人がいつも一人で畳を作っている。

左に出て左に折れるとすぐ「DOUZE 12＋」と書いて「ドゥーズ プラス」と読む大衆酒場がある。以前は「プラス」ではなく「カフェ」だったが今は開店時間になると「一寸一杯お気軽に」と記した大きな赤提灯が出て、酒類も多く料理も豊富。

その並びに「デザインと印刷」の「はんこ広場自由が丘店」。そして予約しておかないと並ばないといけない「焼鳥、鳥肉」の「寿々木屋（すずきや）商店」、遠方からバイクで買いに来る客もいる。

更に進むと「ひかり街」という商店街に出る。中を進むといつも挨拶をしたり世話になったりする店が幾つかある。入り口から近い順に「乾物・食料品」の「まるこや商店」、ご主人によると今や「乾物」も死語になりつつあるそうだ。それから「お総菜・お弁当」の「味よし」、歯の悪い私のために柔らかい総菜の弁当を作ってくれる。

やはり世話になっているのが「文具・紙・事務用品」の「豊栄堂」。この原稿を打っているワープロ用感熱紙もこの店で用立ててくれたものだ。そして出口にある和菓子の「大文字」ではたまに赤飯を買う。

更に続くのが「自由が丘デパート」という名の横に長い商店街。そこを抜けると東京急行、通称「東急東横線」の自由が丘駅に出る。駅近くには毎度お世話になる理髪店「バロン」や、古書売買の「西村文生堂」がある。ちょっと離れたところにあるにも拘わらず、私にとっては商売道具とも言うべきVHSやDVDの再生機が故障するとすぐに飛んできてくれる「電化のナカイ」もある。

そして駅からの帰途途中にあるのが、前記の元宝塚スターが店長を務める「世界で2番目においしい焼きたてメロンパンアイス」の店。そして週に一度は必ず寄って栄養を補給するのが焼肉の「京城園」。行くたびに老人がこんなに食べられるのかと思うほどの生肉が出されるのだが、気が付けば食べてしまっているのでいつも驚いている。それほど旨いということだし、身体に優しい、フランス料理の店「プティマルシェ」にも家族の誕生日には、ちょっと贅沢な気分を味わいに行く。

そうだ、老人といえば忘れてはいけないのがお医者さん。私の場合、全身でナニ病というわけではないのだが、パーツパーツが老化してお世話になっているのが「本間内科クリニック」「秋草歯科医院」「土坂眼科医院」。そしてついさきごろまでお世話になっていた「耳鼻咽喉科」もあったのだが、医師のほうが先に老化されて閉院してしまった。けれども長年、月に2回は夫婦で通っている「依田鍼灸院」では、私どもより若い先生夫妻が私どもの長命を保証してくださっている。

そんなわけで、イマ「自由が丘」というと「ヤング」だの「スイーツ」だのを思い浮かべる人もいると聞くが、私の暮らしている「自由が丘」はそんな街ではないことがおわかりだろう。「名前もいい、空気もいい」が私の作ったキャッチフレーズ。

名前といえば東急東横線の隣駅の駅名が「都立大学」。知らない人はそこに大学があると思うだろうが、大学はとうの昔に名前も変えて八王子のほうへ引っ越している。そのまた隣の駅名「学芸大学」同様、学校はないのに「駅名」だけに「大学」が残っているという、よくあることなのか、不思議なことなのかは私にはわからない。

ただ私個人は生まれは大阪市だが、通った大学は東京都立大学、つまり「都立大学」なので「自由が丘」とは、もう60年以上の付き合いになる。

そして妻とも。


……私事が過ぎたようだ。

「終」の「終」までお付き合いくださって、本当に感謝。

そしてもう一つ、これからの放送作家が、それぞれの自分にとって本当の作家だと自分に言えることを念じつつ、本当に本当の「終」。

本書執筆中の２０１９年２月４日に大倉徹也さんは永眠されました。
故人のご功績をしのび、心からご冥福をお祈り申しあげます。
本書の編集にあたっては、著者の意思にもとづき、
編集部とご遺族とが協議のうえ編集作業にあたりました。

放送作家の時間

2019年9月25日　第1刷発行

著者　大倉徹也
編集協力　大倉八千代
装画　武藤良子
ブックデザイン　中村妙（文京図案室）
校正校閲　長谷川万里絵
本文DTP　臼田彩穂
編集　髙部哲男
発行人　北畠夏影
発行所　株式会社イースト・プレス
〒101-0051
東京都千代田区神田神保町2-4-7久月神田ビル
電話　03-5213-4700
ファックス　03-5213-4701
http://www.eastpress.co.jp/
印刷所　中央精版印刷株式会社

ISBN978-4-7816-1820-3